HOLGER SCHÜLER

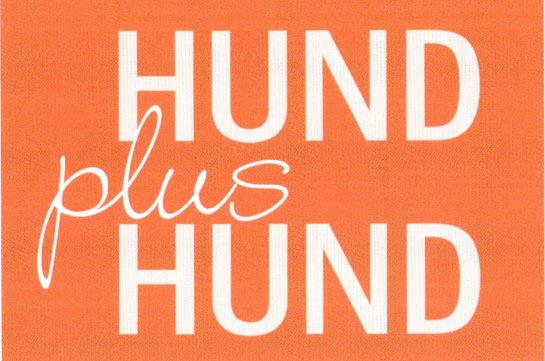

HUND plus HUND

6 Bausteine der
Mehrhundehaltung

Müller
Rüschlikon

**Dieses Buch widme ich meinem Freund und Kollegen Michael Lauer,
der viel zu früh verstorben ist.**

Einbandgestaltung: R2 I Ravenstein, Verden
Titelbild: Katharina Berger, www.dogface.de

Bildnachweis:
Norbert Bach: S. 44, 82/83, 164/165. Katharina Berger, www.dogface.de: S. 3, 4/5, 6, 7, 8, 10, 26/27, 28, 30, 31, 37, 40, 43, 49, 53, 58/59, 70/71, 72, 73, 79, 85, 86, 87, 89, 91, 95, 96, 99, 101, 102, 105, 106, 107, 108, 109, 116, 128, 136, 137, 143, 144, 145, 146, 149, 166, 167, 168, 169, 172/173, 174, 175. Dorothe Knobloch: S. 19, 21, 23, 25, 33, 53, 60, 64, 65, 66, 67, 78, 80, 81, 97u., 98o., 100u., 104, 114/115, 170. Lars Reuther: 38/39, 41, 117, 119u., 122, 123, 124/125, 126/127, 138, 139, 140, 157, 160. Sibylle Roderer: S. 12, 13, 15, 16/17, 54, 55, 56, 57, 68, 69, 75, 76, 93, 94, 96o., 100o., 118, 119o., 120, 121, 131, 132, 133, 134, 135, 141, 142, 147148, 150, 151, 152, 153, 154, 155, 156, 158, 159, 161, 162, 163. Archiv Holger Schüler: S. 47, 50/51, 88, 92, 110/111, 113, 171.

Die Texte in diesem Buch wurden von Sibylle Roderer erstellt.

ISBN 978-3-275-02013-3

Copyright © 2016 by Müller Rüschlikon Verlag
Postfach 103743, 70032 Stuttgart
Ein Unternehmen der Paul Pietsch Verlage GmbH & Co. KG
Lizenznehmer der Bucheli Verlags AG, Baarerstr. 43, CH-6304 Zug

1. Auflage 2016

 Sie finden uns im Internet unter www.mueller-rueschlikon-verlag.de

Lektorat: Claudia König
Innengestaltung: manzanadesign. Dodo Roderer
Druck und Bindung: Graspo CZ, 76302 Zlin
Printed in Czech Republic

Inhalt

Kapitel 1: Zwei Hunde – doppelte Freude!

EIN GUTES TEAM –
AUCH ZU DRITT!

Was ist besser, als einen Hund zu haben? Zwei Hunde zu haben!

DER TREND GEHT ZUM ZWEITHUND. ZUMINDEST KOMMT ES MIR IN MEINER TÄGLICHEN HUNDETRAINER-PRAXIS SO VOR.

Weil der Partner, die Ehefrau, der Sohn oder die Tochter einen eigenen Hund möchte, weil man einen Spielkameraden und Gesellschaft für den Ersthund möchte, weil man das Hobby Hund so richtig für sich entdeckt hat und sich nun vielleicht auf irgendeinen Sport spezialisieren möchte, weil der Ersthund älter wird und man einen Nachwuchshund heranziehen möchte, weil man einen kleinen Wuschel zum großen Kurzhaarhund haben will, oder einen »Quoten-Mini«, weil's so drollig ist.

GRÜNDE GIBT ES EINE MENGE, UND NICHT ALLE DAVON SIND GUTE GRÜNDE.

Viele Hundehalter gehen ziemlich blauäugig an das Abenteuer Zweithund heran, nach dem Motto: Was mit einem klappt, wird auch mit zweien klappen! Leider ist das aber oft nicht so. Ich rate daher dazu, die Anschaffung eines Zweithundes sorgfältig zu überdenken, mindestens so sorgfältig, wie die Anschaffung des ersten Hundes auch.

Ich halte selbst zwei Hunde (und wenn es die Lebensumstände zuließen, wären es vielleicht sogar noch mehr). Wer bin ich also, das anderen ausreden zu wollen? Sicher bin auch ich nicht der perfekte Hundehalter. Aber ich bin ein erfahrener Halter und vor allem Trainer, der jeden Tag vor Augen hat, was die Folgen einer unüberlegten Anschaffung sind. Dieses Buch ist keine Anleitung – nach dem Motto: In 27 Schritten zur perfekten Zweithundehaltung. Das würde der Praxis nicht standhalten. Schon ein einzelner Hund ist individuell, nicht auf jeden passt jede Erziehungsschablone. Bei zwei – oder mehr Hunden – hat man es mit zwei Individuen zu tun, plus deren Zusammenspiel, plus die Eigenheiten des menschlichen Teils des Teams. Da muss jeder Versuch, eine umfassende Anleitung zu geben, zwangsläufig oberflächlich ausfallen, wenn sie auch nur halbwegs auf jeden passen soll.

Vielmehr möchte ich mit diesem Buch Denkanstöße geben, die Aufmerksamkeit des Lesers auf die vielen scheinbar unwichtigen Details lenken, die oft übersehenen Kleinigkeiten – die sich schnell zu handfesten Problemen auswachsen können. So können Sie selbst Ihren eigenen Blick für Ursachen und Lösungsmöglichkeiten schulen. Und natürlich möchte ich Anregungen geben, was und wie man es besser machen könnte. Ich möchte

immer wieder den Blick auf die Basis lenken – denn dort haben die meisten Probleme ihren Ursprung, und dort, und nur dort, kann man sie lösen. Selbst, wenn Sie den Schrank voller Pokale stehen haben – an den Grundlagen kann trotzdem etwas im Argen liegen. Schauen Sie genau hin!

Wer seinen Blick für Details schärft, genau hinschaut und sich selbst gegenüber ehrlich ist, kann viele Probleme vermeiden oder lösen und viele Ziele leichter erreichen. Das ist nicht immer einfach! Die Arbeit mit zwei Hunden ist, ganz offen gesagt, weitaus komplexer, fordernder und zeitintensiver, als mit nur einem Hund. Aber der Lohn ist es wert: Ein gutes Team – auch zu dritt!

Um ein gutes Team zu dritt zu werden, muss man einiges tun.

Der aktive Hundehalter

Ich habe einen Hund, weil ich gerne intensiv mit ihm zusammenarbeite. Weil ich es genieße, mein Leben und meinen Alltag mit einem Hund zu teilen. Weil ich Spaß an meinem Hund habe. Und genau dasselbe gilt auch für Hund Nummer 2!

Dieses Buch ist für die »Sorte« Hundehalter gedacht, die, wie ich, ihr Leben mit Hund(en) gerne aktiv gestalten. Das heißt nicht, dreimal in der Woche auf dem Hundeplatz zu stehen. Es bedeutet, dass ich eine wichtige – die wichtigste – Rolle im Leben meiner Hunde spiele. Ich lasse nicht alles einfach laufen, sondern zeige meinen Hunden, was ich von ihnen will. Ich biete ihnen Sicherheit und klare Regeln, und ich sorge dafür, dass diese Regeln befolgt werden. Ich bin der aktive Part in unserer Mensch-Hund-Gruppe.

Als aktiver Halter mehrerer Hunde bin ich gleichermaßen Bezugsperson für beide Hunde – und für beide Hunde möchte ich eine wichtigere Stellung einnehmen, als der jeweils andere Hund – genauso, wie ich wichtiger bin bzw. sein sollte, als fremde Hunde, fremde Menschen oder alle möglichen anderen Ablenkungen.

Es gibt da aber auch noch die andere »Sorte« Hundebesitzer, die eher passive »Sorte«. Das sind die Hundehalter, die Hunde gerne »Hunde sein lassen« und sich am liebsten gar nicht einmischen möchten. Und die erst reagieren, wenn es nicht mehr anders geht und sich schon handfeste Probleme entwickelt haben.

Wenn solche eher passive Hundehalter mehrere Hunde halten, spielen sie logischerweise auch nicht die wichtigste Rolle in der Gruppe – die Beziehung zwischen den Hunden ist stärker, als die zwischen dem Menschen und dem jeweiligen Hund.

Viele denken: Macht doch nichts, Hunde sind doch schließlich Rudeltiere, natürlich ist der andere Hund wichtiger. Aber möchte man das? Wenn man nichts weiter sein will, als der Versorger eines »Rudels« (der Begriff Rudel ist für eine zufällig zusammengewürfelte Hundegruppe nicht die korrekte Bezeichnung), dann vielleicht. Wenn man auf einem riesigen Grundstück lebt, die Hunde dort den ganzen Tag herumtoben lässt, abends das Futter serviert und nicht auf die Idee kommt, mit den Hunden in den Urlaub fahren zu wollen, in ein Café zu gehen oder auch nur geordnet und ohne Chaos, Gebell und Gezerre an der Leine durch den Wald oder die Stadt zu laufen – dann vielleicht. Wenn man dabei auch noch in Kauf nimmt, dass alte, kleine oder ängstliche Hunde von anderen gemobbt werden, es zu Beißereien kommen kann oder zu Streit ums Futter – dann vielleicht. Meinem Ideal der Hundehaltung entspricht das nicht.

Für mich bedeutet Hundehaltung und Hundeerziehung eine große Verantwortung. Die Verantwortung, meine Hunde so zu halten und zu führen, dass sie sich souverän und ohne Stress in der Menschenwelt bewegen und wohl fühlen können – ohne andere zu beeinträchtigen. Das bedeutet, dass ich die Verantwortung habe, meine Hunde zu kontrollieren.

Es geht dabei nicht vorrangig darum, einzelne Kommandos und Übungen möglichst zackig auszuführen. Es macht Spaß, an Übungen zu feilen und immer besser zu werden, aber es ist nicht das Wesentliche.

Es geht darum, dass ich in jeder Lebenslage die Aufmerksamkeit meiner Hunde auf mich lenken kann, Einfluss auf sie nehmen kann – nicht nur auf dem Hundeplatz, nicht nur in gewohnten Situationen, sondern immer und überall. Das ist kein einfaches Ziel, und man erreicht es nicht, wenn man nicht bereit ist, klare Regeln aufzustellen und konsequent einzuüben und umzusetzen. Auch, wenn das anstrengend ist – und mit zwei Hunden noch sehr viel mehr, als mit nur einem. Ich bin davon überzeugt, dass Hunde genauso gerne mit dem Menschen interagieren, wie wir mit ihnen.

Ich möchte meine Hunde in meinen Alltag integrieren, sie überall mit hinnehmen können und eine feste, tiefe Bindung zu ihnen aufbauen. Das geht nicht ohne Erziehung und Zusammenarbeit. Nur innerhalb klarer Grenzen können sich meine Hunde frei und ohne Stress bewegen. Es ist eine Abmachung: Sie werden nicht ständig gegängelt und bevormundet (oder »dominiert«), aber wenn es darauf ankommt, müssen sie meine Führung akzeptieren, ohne Wenn und Aber. Das geht nur, wenn ich von Anfang an, in vielen Alltagssituationen, in der häuslichen Umgebung und draußen, eine feste Grundlage aufgebaut habe.

Hunde profitieren davon, wenn man als Halter eine aktive Rolle einnimmt – besonders dann, wenn man mehrere Hunde hat.

Aufmerksamkeit

Die sechs Bausteine

Die Grundlagen meines Erziehungskonzeptes habe ich in meinen beiden ersten Büchern bereits ausführlich geschildert. Nicht alles kann und soll hier wiederholt werden.

Für mich ist das Ziel und die Grundlage jeder Erziehung und jeder Beziehung die Bindung. Das Gefühl, zusammenzugehören.

BINDUNG BEDEUTET SICHERHEIT, ACHTUNG, RESPEKT, VERTRAUEN AUF BEIDEN SEITEN.

Wenn Sie zwei Hunde haben, dürfen Sie trotzdem nie die Bindung zu jedem einzelnen Ihrer Hunde aus den Augen verlieren. Wird die Bindung zum Ersthund schwächer? Haben Sie das Gefühl, zum neuen Hund keine rechte Bindung aufbauen zu können? Lassen Sie sich genug auf beide Hunde, auf jeden einzeln, ein? Oder steht einer im Schatten des anderen, zieht einer alles auf sich?

Bindung ist zu einem großen Teil Gefühlssache. So wichtig es ist, mit Plan und Konzept an die Erziehung heranzugehen, so wichtig ist es auch, nicht den Kontakt zum eigenen Bauchgefühl und den eigenen Emotionen zu verlieren.

Denn wenn Sie sich emotional blockieren, von einem Ihrer Hunde abwenden, sei es aus Frust, aus Enttäuschung, aus Überforderung oder weil der andere im Vordergrund steht, machen Sie damit die Bindung kaputt – völlig egal, ob Sie nach außen hin alles genauso machen wie vorher.

Die übrigen fünf Bausteine sind die Voraussetzung und die Basis für die Bindung:

■ **KONSEQUENZ,** das A und O jeder Erziehung und für Mehrhundehalter eine besondere Herausforderung.

■ **AUFMERKSAMKEIT** – der Hunde, aber auch Ihre Aufmerksamkeit, die jetzt mehrfach beansprucht wird.

■ **AKTION-REAKTION** – auch das ist bei mehreren Hunden schwieriger zu überblicken und umzusetzen. Wer reagiert gerade worauf? Schauen Sie genau hin.

■ **KOMMUNIKATION** – die Feinabstimmung kann ganz schön durcheinandergeraten, wenn Sie nicht nur 1 zu 1 kommunizieren müssen, sondern zwei Adressaten haben.

■ **UND DER SPASS?** Doppelte Freude – aber auch vielfacher Frust! Verlieren Sie nicht die Freude an den Hunden und werden Sie nicht zu verbissen. Es geht nicht darum, perfekt zu sein. Als Hundehalter muss man auch eine gute Portion Humor haben.

Wenn Sie das Gefühl haben, dass es irgendwo hakt, dass Sie nicht weiterkommen oder etwas schlechter wird, betrachten Sie jeden einzelnen der Bausteine in Bezug auf jeden Ihrer Hunde, und überlegen Sie, ob Sie daran etwas verbessern können. Schauen Sie nicht nur aufs Gesamtpaket, sondern auch auf beide Hunde einzeln!

Karlo und Anoki – Ein Fallbeispiel

Anoki, 15 Monate und Karlo, 7 Jahre alt

Die beiden Schnauzer sind eigentlich nette, unkomplizierte Hunde mit kleinen, alltäglichen Baustellen. Sie illustrieren sehr gut die vielen kleinen Details, die Schräubchen, an denen man drehen kann und muss, die typischen Probleme und ihre Ursachen in der Mehrhundehaltung. Ich möchte meine Leser einladen, einfach mal in meine Haut als Hundetrainer zu schlüpfen, während ich mit Karlos und Anokis Besitzerin Ines am Wohnzimmertisch sitze.

Während sie mir schildert, warum sie mich zu Hilfe gerufen hat und welche Vorgeschichte ihre Hunde haben, gehen in meinem Kopf kleine Alarmsignale an. Es ist wie ein Alarm, der piepst, wenn ich als Hundetrainer bestimmte Dinge höre. So individuell Hunde sind, so unterschiedlich die Menschen, so verschieden die Ursachen und Lösungen für Probleme – so ähnlich sind sich doch auch die typischen Anzeichen und Hinweise auf die Ursachen hin-

Hausbesuch bei Schnauzers

ter den Symptomen. Was ich hier am Fall von Karlo und Anoki aufzeigen möchte, lässt sich auf viele andere Fälle übertragen. Wenn man wirklich offen und ehrlich mit sich selbst ist, kann man diese Analyse gut auf die eigene Situation und Geschichte anwenden.

Wie ist das bei Ihnen? Würden meine Alarmsignale an Ihrem Wohnzimmertisch angehen? Die Analyse dieser Fallgeschichte soll eine Ein-

ladung zur ehrlichen Selbstkritik sein. Denn die beiden Zwergschnauzer sind keine Ausnahme, keine Problemhunde mit ahnungslosen, unfähigen Besitzern – es sind ganz normale Hunde, es ist eine ganz normale Geschichte. Vielleicht eine, in der Sie sich selbst und Ihren eigenen Alltag ein Stück weit wiederfinden können.

Ines, Hundenärrin seit ihrer Kindheit, holte den Zwergschnauzerwelpen Karlo. Mit ihm – ein unkomplizierter kleiner Kerl und für Ines der absolute Traumhund – entdeckte sie und vor allem auch ihre Tochter Linda den Spaß am Hundesport – besonders an Agility und Tunierhundesport. Doch mit 3 Jahren erkrankte Karlo an Epilepsie. Die Krankheit konnte behandelt werden und mit seinen Medikamenten ist Karlo gut eingestellt. Doch durch die Sorgen um ihn wurde Karlo in Ines' Augen zum »armen Hascherl«.

ALARMSIGNAL NUMMER 1: DIE SCHUBLADE

Ich werde sofort hellhörig, wenn mir jemand seinen »armen Hund« beschreibt. Sei es die schreckliche Vergangenheit in der Tötungsstation oder das Leiden durch eine Krankheit. Bitte nicht falsch verstehen: Natürlich muss man als Hundehalter sorgfältig sein, Krankheiten oder Schmerzen wahrnehmen und Abhilfe schaffen, oder eben Rücksicht nehmen. Das ist nicht der Punkt.

Schwierig wird es, wenn der Hund ärmer, kränker und schwächer gemacht wird, als er eigentlich ist. Wenn er immer noch wie ein kranker Hund behandelt wird, obwohl er längst wieder gesund ist. Wenn er als arme, halb verhungerte Kreatur angesehen wird, obwohl er längst wohlgenährt auf dem Sofa liegt. Hunde sind unglaublich gut darin, unsere Erwartungen, Stimmungen und Emotionen zu lesen. Sie spüren die Sorgen des Menschen und leben sie aus. Und sie können sich dem nicht entziehen, vor allem sensible, empfindsame Hunde nicht.

Wer seinen Hund als »arm« wahrnimmt, der macht ihn auch dazu. Der besorgte Mensch steigert und verstärkt das Grundproblem, oft auch noch, wenn es längst gelöst ist. Unsere Erwartungen formen den Hund. Und wer seinen »armen Hund« in Watte packt, verhindert, dass

er Erfahrungen sammelt, sich seine Persönlichkeit entfaltet, er mutiger und stärker wird.

So auch in Karlos Fall. Dank der Medikamente geht es ihm gut. Wenn er also schüchtern und unsicher bei Hundebegegnungen reagiert, dann gibt es überhaupt keinen Grund, mitleidig zu sein oder ihm solche Begegnungen »ersparen« zu wollen. Wie jeder gesunde Hund kann und muss Karlo lernen, sich sicher und souverän in seiner Umwelt zu bewegen.

In Bezug auf die Haltung von mehreren Hunden sind solche Stempel, die dem Hund aufgedrückt werden, besonders tückisch. Man neigt allzu schnell dazu, den Hunden Rollen zuzuweisen. Der eine ist der mutige, der andere der schüchterne, zum Beispiel. So ist das scheinbar auch bei Karlo und Anoki.

Meist steckt natürlich ein Körnchen Wahrheit darin, aber die Gefahr bleibt, dass man die Hunde nur noch durch eine Brille sieht, die Dynamik zwischen den Hunden falsch einschätzt und somit auch nicht beeinflussen und verändern kann.

Ganz häufig passiert es natürlich auch, dass der jüngere Hund für immer das »Baby« bleibt, dem man viel mehr durchgehen lässt, dass der kleinere Hund weniger konsequent erzogen wird als der größere und so weiter. Der Dickkopf, der Ängstliche, der Alte, der Kranke, der Wilde . … Unser allzu menschliches Bedürfnis, alles in Schubladen zu stecken, kann gerade bei der Mehrhundehaltung zum Problem werden.

Es lohnt sich, seinen Hunden immer offen und mit Blick für ihre Individualität zu begegnen – und ihnen dabei auch Raum zur Veränderung und Entwicklung zu geben.

Ob durch die Krankheit oder aus anderen Gründen – Karlo wurde zunehmend zum »Mamakind«. Auch auf dem Hundeplatz – dort ließ sich Karlo von Tochter Linda oft nicht mehr zur Mitarbeit motivieren, sobald Ines in der Nähe war. Vielleicht hatte Karlo auch einfach keine Lust mehr auf den Sport, war überfordert oder gestresst, wer weiß. Auf jeden Fall wünschte sich Linda einen eigenen Hund für den Sport, und so zog Anoki ein.

ALARMSIGNAL NUMMER 2: DAS WÖRTCHEN »FÜR«

Ich bin nicht der größte Fan, aber auch kein Gegner von Hundesport. Die intensive gemeinsame Beschäftigung kann Hund und Mensch großen Spaß machen und damit die Beziehung zueinander stärken. Aber hier liegt auch der größte Kritikpunkt.

Der Sport, die Arbeit auf dem Hundeplatz, darf in meinen Augen kein Selbstzweck sein. Der Hund ist kein Sportgerät! Es muss stets darum gehen, Bindung und Beziehung zu stärken. Die Arbeit auf dem Platz soll der Ausbildung des Hundes dienen, die gesamte Kommunikation und Zusammenarbeit zwischen Mensch und Hund verbessern und verfeinern.

Welchen Sinn hat es, wenn die Trainingserfolge nur auf dem Hundeplatz stattfinden und nicht im Alltag? Pokale und Turniersiege sind gar nichts wert, wenn die Kommunikation sonst nicht klappt, wenn Hund und Mensch nicht 24 Stunden am Tag ein gutes Team bilden, sondern nur wenige Stunden in der Woche auf dem Hundeplatz. Was nützt es, wenn ein Hund wie Anoki auf dem Platz gelernt hat, die anderen Hunde völlig auszublenden, aber den Rest seines Lebens bei Hundebegegnungen überfordert ist und alleine gelassen wird?

Alltags-Agility

Wenn Hunde auf dem Platz super sind und perfekt funktionieren, der Alltag mit Hund aber voller Probleme steckt, rate ich meist dazu, den Sport mal für eine Weile Sport sein zu lassen und sich voll und ganz auf das Alltagstraining zu konzentrieren. Dort gibt es sportliche Herausforderungen genug! Man kann auch im Wald Hindernisse finden, Slalom um Baumstämme laufen, mit dem Hund schwimmen, Rad fahren, klettern, wandern, gemeinsam Bahn fahren, in die Stadt gehen, andere Hunde treffen – man kann eine Menge Abenteuer erleben und dabei dafür sorgen, dass der Hund souverän und umweltsicher wird.

Ganz nebenbei wird man so zum besseren Team, man baut Bindung auf – und das tut dann auch wieder dem Sport gut.

Eigentlich geht es bei diesem Alarmsignal aber gar nicht nur um den Sport. Das Warnsignal bezieht sich vor allem auf das Wörtchen »für«. Es begegnet mir sehr häufig, dass der zweite Hund »für« etwas angeschafft wurde. Er soll eine Erwartung erfüllen, die der erste nicht erfüllen konnte. Karlo war nicht gut genug auf dem Hundeplatz, also kam Anoki. Mit ihm wurde gleich noch intensiver gearbeitet, »damit er nicht so wird wie Karlo«, wie Linda es ausdrückte. Ebenso oft wird ein zweiter Hund angeschafft, weil der erste nicht verschmust ist oder verspielt oder irgendwelche Schwierigkeiten macht. Oder für den Mann, die Frau, die Tochter. Oder sogar für den ersten Hund.

Welche Last ist das für ein Lebewesen! Ich finde es einfach nur unfair. Natürlich hat man immer Erwartungen, Dinge, die man gerne tun möchte, Wünsche, Pläne. Das ist auch in Ordnung. Aber wenn man Halter von nur einem Hund fragt, warum sie sich den Hund angeschafft haben, kommen nur selten sol-

Linda und Anoki – Ines und Karlo. So soll es sein – oder?

che Für-Antworten. Den ersten Hund wollte man in erster Linie einfach deshalb, weil man einen Hund wollte. Den zweiten sollte man aus genau demselben Grund wollen. Nicht als Sportgerät, nicht als Spielkameraden für den Ersthund, nicht als Ersatz, nicht, um anders zu sein als der erste, und auch nicht, um genauso zu sein wie der erste. Einfach um seiner selbst willen.

Anoki wurde für Linda für den Sport angeschafft. Ganz klar also: Er ist Lindas Hund! Oder? Ines' zögernde Reaktion wundert mich nicht. Wie so oft, wenn ich die Frage »Wem gehört der Hund?« stelle, bekomme ich jede Menge eigentlich zu hören.

Wem gehört der Hund?

Eigentlich ist Anoki Lindas Hund, aber ebenso eigentlich kümmert sich Ines um beide Hunde. Sie ist ja auch zu Hause, während ihre Tochter gerade eine Ausbildung macht und nur abends Zeit hat. Und dann? Geht Linda meistens auf den Hundeplatz, zum Sport. Manchmal gehen Mutter und Tochter gemeinsam spazieren, meistens aber geht Ines mit den beiden Hunden alleine.

Also ist Anoki doch mehr Ines' Hund? Eigentlich nicht. Wird Linda den Hund also mitnehmen, wenn sie auszieht? Eigentlich will Linda ja erst mal gar nicht ausziehen. Aber Anoki ist erst 15 Monate alt, wird Linda noch 10, 12 Jahre bei den Eltern wohnen bleiben? Schweigen.

Und bei mir geht Alarmsignal Nummer 3 an.

ALARMSIGNAL NUMMER 3: EIGENTLICH GEHÖRT DER HUND ...

Eigentlich hat's Anoki doch gut getroffen: Er hat gleich zwei Bezugspersonen! Nein. Anoki hat nicht zwei Frauchen (was auch nicht immer ganz unproblematisch wäre!) – er hat eigentlich ... gar niemanden.

Anoki wurde angeschafft, weil sich Linda einen Hund gewünscht hat. Sie will aber nur auf dem Hundeplatz trainieren und Erfolge im Sport haben und hat keine Lust auf die alltägliche Verantwortung, die sie nur allzu gern der Mutter überlässt.

Ines kümmert sich also nicht um Anoki, weil sie einen zweiten Hund wollte, sondern weil es eben irgendjemand machen muss. Auch wenn es Anoki sicher nicht furchtbar schlecht geht, so ist er doch ziemlich alleine gelassen. Der Hund kann ja nur soviel Bindung aufbauen, wie der Mensch es seinerseits tut und zulässt. Und Anoki hat es mit zwei Bezugspersonen zu tun, die beide keine starke Bindung zu ihm aufbauen wollen oder können. Bindung entsteht nicht auf dem Hundeplatz, sondern im Alltag, durch Zeit, Nähe und gemeinsames Erleben – etwas, wofür Linda keine Zeit oder Lust hat.

Und Bindung entsteht, wenn man innerlich »Ja« zueinander sagt und nicht »Na ja, jetzt bist du eben da!« – so wie Ines zu Anoki.

Der junge Rüde bräuchte klare Verhältnisse, eine eindeutige »Nummer 1«-Bezugsperson und liebevolle Führung, statt nur ein Anhängsel und Sportgerät zu sein.

So hart das klingt – Ines' Reaktion zeigt mir, dass ich auf der richtigen Spur bin. Denn eigentlich würde sie auch gerne ihre Tochter stärker in die Verantwortung nehmen, hat es aber bisher nicht getan, weil sie ja schließlich diejenige ist, die den ganzen Tag Zeit hat und nicht arbeiten gehen muss.

Darauf kommt es aber gar nicht so sehr an. Linda kann trotzdem die erste Bezugsperson für Anoki sein, auch wenn sie weniger Zeit mit ihm verbringen kann, als ihre Mutter. Wichtig ist, dass sie diese Zeit gut nutzt und sich vor allem auch mit Anoki alleine beschäftigt, statt nur mal gemeinsam mit der Mama Gassi zu gehen – oder auf den Hundeplatz.

Natürlich spricht nichts dagegen, dass sich Ines tagsüber um beide Hunde kümmert. Aber morgens und abends und am Wochenende sollte sich die eigentliche Besitzerin Zeit für ihren Hund nehmen. Auch, um Ines zu ermöglichen, mit Karlo einzeln zu üben und spazieren zu gehen. Denn das ist etwas, was überhaupt nicht mehr stattfindet, seit Anoki da ist – und damit geht bei mir direkt Alarmsignal Nummer 4 an.

ALARMSIGNAL NUMMER 4: EINZELN? WIESO EINZELN?

Ratsuchende Hundebesitzer mit mehreren Hunden frage ich immer danach, ob und wie oft sie einzeln mit den Hunden rausgehen, üben und arbeiten. Ich ernte dafür meistens nur völlig verständnislose Blicke. Viele Hundehalter kommen gar nicht auf die Idee, nur mit einem Hund zu gehen. Auf den ersten Blick verständlich. Schließlich sind Hunde Rudeltiere, oder? Gemeinsam unterwegs zu sein, macht ihnen doch Spaß! Warum sollte man einen Hund alleine zurücklassen?

Ich bin auch gerne mit mehreren Hunden unterwegs. Das ist ja das schöne an der Mehrhundehaltung: Die Hunde zu beobachten, wie sie interagieren, spielen, rennen und toben. Aber das ist schließlich nicht alles. Selbst der faulste Hundehalter möchte, dass sein Hund nicht nur Spaß hat, sondern auch auf ihn hört. Und das bekommt man nicht geschenkt. Dafür muss man etwas tun.

Für mich beruht die Hundeerziehung auf 6 Bausteinen – Aufmerksamkeit, Kommunikation, Aktion-Reaktion, Konsequenz, Spaß, und als Ergebnis all dessen: Bindung.

Und zwar bezogen auf mich, auf den Hundeführer. Das ist doch eigentlich klar, oder? Erstaunlicherweise nicht. Halter von mehreren Hunden bemerken oft nicht mal, dass ihre Hunde stärker aufeinander bezogen sind, als auf den Halter. Einerseits ist das natürlich, denn Artgenossen sind einander nun mal automatisch näher. Wenn ich aber möchte, dass jeder meiner Hunde aufmerksam auf mich achtet, mich versteht, auf mich reagiert und mir folgt, mit MIR Spaß hat (und nicht nur mit dem Hundekumpel), dass er also eine starke Bindung zu mir aufbaut, dann muss ich auch 1 zu 1 mit jedem meiner Hunde interagieren. Nur dann habe ich eine starke Verbindung und damit Einfluss auf jeden meiner Hunde, auch, wenn wir zu mehreren unterwegs sind. Um in die Dynamik der Hunde untereinander eingreifen zu können, muss ich jeden für sich ansprechen und kontrollieren können.

Und das muss man eben einzeln üben und erarbeiten, nicht nur, wenn der andere dabei ist. Wer zwei Hunde hat, hat also die dreifache Arbeit: mit dem einen, mit dem anderen und dann mit beiden zusammen. Oder, wenn es wie bei Karlo und Anoki eigentlich zwei Besitzer gibt, sollte jeder auch regelmäßig, am besten täglich, mit nur seinem eigenen Hund alleine all das tun, was eben zum normalen Hundealltag und zur Erziehung dazugehört.

Viele Mehrhundehalter berichten mir nun aber, dass die Hunde einzeln überhaupt nicht rausgehen möchten und schon gar nicht alleine zuhause bleiben wollen. Das ist für mich nicht nur deshalb inakzeptabel, weil eine vernünftige Erziehung so gar nicht möglich ist. Es bedeutet auch ein ernsthaftes Problem, wenn sich an den Lebensumständen etwas ändert. Was, wenn ein Hund krank oder verletzt ist oder schlicht und einfach alt wird oder stirbt? Wenn sich die Hunde nicht gut voneinander trennen lassen, muss man sie spätestens dann damit konfrontieren – hat sich aber selbst um

die Möglichkeit gebracht, das Training kleinschrittig und behutsam aufzubauen.

Zurück zu Karlo und Anoki. Hier, an Ines' Wohnzimmertisch, sind schon vier Alarmsignale angegangen, bevor wir überhaupt beim eigentlichen Problem angekommen sind. Dieses ist dann freilich keine große Überraschung mehr. Es ist das Problem, das einen sehr großen Teil meines Jobs ausmacht: Pöbelei an der Leine. In diesem Fall fingen die Probleme – zumindest aus Ines' Sicht – erst mit Anoki an. Der geht wütend und mit Getöse nach vorne, wenn er andere Hunde sieht. Inzwischen sogar schon ohne Leine. Und Karlo? Der ist zurückhaltender, zeigt aber durch Fiepen und Pienzen deutlich sein Unbehagen an, wenn ein anderer Hund auch nur in Sichtweite kommt.

Bindung.

Die Bindung zwischen Hund und Mensch muss im Vordergrund stehen.

Aber warum sind die beiden so? Ines hat eine Theorie: Karlo hat Angst vor fremden Hunden, weil er in der Welpenspielgruppe schlechte Erfahrungen gemacht hat: Der neun Wochen alte Welpe wurde vom fünf Monate alten Labbi umgebolzt. Das ist tatsächlich eine unschöne Erfahrung. Welpenspielgruppen sind an sich eine gute Sache, aber nur, wenn sie kompetent geführt werden. Schlecht ist es, wenn die Hunde von Größe, Alter und Spielverhalten her nicht zueinander passen. Allzu oft fordern Trainer auch noch dazu auf, es »die Hunde unter sich ausmachen zu lassen«.

Das taugt nichts! Die Hunde lernen nur, dass sie alleine gelassen werden – oder mit allem durchkommen. Heraus kommen können dabei sowohl ängstliche, verzagte Hunde wie Karlo oder aber dreiste »Tutnixe«, die gelernt haben, dass alle anderen Hunde nur dazu da sind, sich ohne Umschweife drauf zu stürzen.

Es kann durchaus sein, dass Karlos ängstliches Verhalten auf das unangenehme Erlebnis zurückzuführen ist. Das sollte aber kein Grund sein, es dabei zu belassen! Hunde sind ebenso wie Menschen ihr Leben lang lernfähig. Und natürlich kann auch Karlo lernen, seine Ängste zu überwinden. Er braucht Schutz und Führung durch seinen Menschen und muss Erfahrungen machen dürfen.

Als Anoki kam, wurde auf eine Welpengruppe verzichtet – schließlich war Anoki ja nicht alleine. Er verstand sich auf Anhieb bestens mit Karlo. Das bedeutet aber auch, dass er sich an Karlo orientiert und sich auch dessen Bedenken gegenüber fremden Hunden abgeschaut hat. Nur ist seine Reaktion eine andere. Er fiept nicht, sondern bellt und geht nach vorne. Schon als Welpe hat Anoki gezeigt, dass er dazu neigt. Von Anfang an hat er alles

Mögliche, was ihm unheimlich war, auch Menschen, angeknurrt.

Manche Hunde, wie Karlo, gehen einen Schritt zurück, andere, wie Anoki, gehen nach vorne, wenn ihnen etwas unheimlich ist. Wenn man nicht lenkend eingreift, wird dieses Verhaltensmuster – Flucht oder Kampf – immer stärker. Der Hund muss herausfinden können, dass er beim Menschen sicher ist und dass weder Flucht noch Kampf nötig sind – und auch nicht erwünscht. Das ist hier aber nicht geschehen, im Gegenteil: Anoki bekam von Anfang an von Karlo »Gefahr! Gefahr! Gefahr!« signalisiert.

Daraus ist eine ungute Dynamik entstanden: Der ältere Hund ist unsicher, der jüngere nimmt die Verteidigerrolle ein und versucht, die »Gefahr« zu vertreiben. Da er selbst unsicher und unerfahren ist, stresst ihn das ungemein, und er reagiert immer heftiger. Beide schaukeln sich hoch, Ines ist hilflos und wird von den Hunden überhaupt nicht wahrgenommen. Ihre Lösung? Fremdhundekontakten möglichst aus dem Weg gehen. Sie geht zu Uhrzeiten raus, zu denen sie kaum fremde Hunde trifft, und geht anderen aus dem Weg. Hunden bleibt bei so einem Verhalten natürlich nicht verborgen, dass Frauchen selbst der Angstschweiß auf der Stirn steht, sobald sie einen anderen Hund sieht.

Ganz so schlimm war das bei Ines zwar nicht, aber Hunde haben eben sehr feine Antennen. Da reicht schon ein Anspannen – und man macht sich zum Frühwarnsystem für den Hund. Anoki hatte also gleich zwei Begleiter, die ihm Gefahr signalisieren – und ihm dann den Job überließen, die Gefahr zu vertreiben.

Das macht die beiden Hunde natürlich nur noch unsicherer, das Gezeter noch größer

– und Ines gibt sich noch mehr Mühe, anderen Hunden nur ja auszuweichen. Kontakt zu fremden Hunden wird zum seltenen und meist unangenehmen Erlebnis, ein unguter Teufelskreis!

ALARMSIGNAL NUMMER 5: WIR BRAUCHEN KEINE ANDEREN HUNDE, WIR HABEN JA UNS!

Wenn Halter mehrerer Hunde meine Hilfe erbitten, dann geht es oft um Probleme bei Hundebegegnungen. Dabei suchen viele Halter ihr Heil in der Flucht. Macht ja nichts, die Hunde brauchen keine fremden Hunde, sie haben ja ihren vertrauten Artgenossen!

Sicher muss ein Hund nicht mit jedem fremden Hund gut Freund sein. Aber Begegnungen und Kontakt mit anderen Hunden gehören zum Alltag und sind wichtig für ein normales Sozialverhalten – nicht nur für Einzelhunde. Ein Hund, der überhaupt nicht weiß, wie man sich anderen Hunden gegenüber benimmt, lebt in permanentem Dauerstress. Egal, ob alleine oder zu zweit. Und nur, weil man zwei Hunde hat, ist das Bedürfnis des Hundes nach Sozialkontakt noch lange nicht befriedigt!

Auch als Mehrhundehalter sollte man seinen Hund mit anderen Hunden zusammenbringen. Das heißt freilich nicht, die Hunde fröhlich jeden anderen belästigen zu lassen, und es heißt auch nicht, den Hund mit Ängsten und Unsicherheiten alleine zu lassen.

Es gehört vielmehr zum Alltagstraining dazu, dem Hund Sicherheit und klare Führung zu geben. Ruhig an der Leine weiterzugehen, sich aus dem Spiel zurückrufen zu lassen, bei Unsicherheit Schutz beim Menschen zu suchen, muss der Hund eben lernen. Ebenso muss er akzeptieren, dass es nicht seine Aufgabe ist, andere Hunde zu vertreiben, und er muss sich vom Menschen in seine Grenzen verweisen lassen, auch wenn ihm der andere Hund gar nicht passt. Und auch, wenn es den schwächeren oder ängstlichen zweiten Hund zu verteidigen gilt! Das ist der Job des Menschen, ohne Wenn und Aber.

All das kann man aber nicht lernen und üben, wenn man die Situation immer nur meidet. So komplex das Thema Hundebegegnungen auch ist – die Lösung kann nie sein, den Kopf in den Sand zu stecken.

Ruhig an der Leine laufen, auch wenn andere in der Nähe sind – von Welpe an.

Auch als Mehrhundehalter sollte man also den Kontakt zu anderen Hunden suchen. Das muss und sollte nicht immer im Freilauf oder auf der Hundewiese sein. Gemeinsam angeleint ein Stück zu laufen gehört genauso zum Alltag. Wichtig ist, dass die Begegnung mit einem fremden Hund, ob mit oder ohne Kontaktaufnahme, kein großes Ereignis ist, sondern einfach Alltag. Das muss aber natürlich geübt werden!

Und zwar nicht nur mit den Hunden im Doppelpack, sondern auch einzeln. Nur so kann man wirklich erkennen, welcher Hund überhaupt welches Problem hat, und ob er sich ohne Anwesenheit des Zweithundes vom Halter ansprechen und kontrollieren lässt, oder es da schon hapert.

Es gibt sie natürlich, wenn auch selten: massiv unverträgliche Hunde, die echte Aggressionen zeigen und wirklich Schaden anrichten würden, ebenso wie es Hunde gibt, die extreme Angst haben. In solchen Fällen sollte man besser nicht herumdoktern, sondern den Hund sofort ausreichend mit Maulkorb und Leine sichern und sich kompetente Hilfe vor Ort suchen.

Bevor ich mit Ines hinausgehe, um mir das Problem anzuschauen, mache ich den Basis-Check. Welche Regeln haben die Hunde im Haus? Woran müssen sie sich halten? Ines überlegt ein bisschen. Karlo und Anoki sind unkomplizierte Hunde, die nichts kaputt machen und nur kurz mal bellen, wenn es klingelt. Im Haus klappt also alles – wozu dann Regeln?

ALARMSIGNAL NUMMER 6: ES HAPERT AN DER BASIS

Ich habe als Hundetrainer eine Lieblingsübung, die ich fast jedem meiner Kunden aufgabe. Das Korbtraining. Schlicht und einfach üben, den Hund – oder eben die Hunde, und zwar unabhängig voneinander – in den Korb zu schicken. Dort soll der Hund dann bleiben, bis er wieder entlassen wird (wie man das am besten übt, ist im praktischen Teil zu finden). Sehr angenehm, weil der Hund aus den Füßen ist, wenn man ihn gerade nicht gebrauchen kann.

Das ist aber nicht der Grund, dass ich auf die Übung bestehe. Es geht einfach darum, ein paar der sechs Erziehungsbausteine zu stärken. Der Mensch bekommt eine Aufgabe, die ihm abverlangt, konsequent zu sein, ein klares Ziel zu haben, deutlich zu kommunizieren. Das ist es, was der Hundeführer braucht, damit ihn der Hund ernst nimmt.

Mein Standard-Spruch lautet: »Wenn Sie das nicht schaffen, wie wollen Sie es dann draußen hinbekommen?« Wenn die Hunde sich nicht einmal in den Korb schicken lassen, werden Sie Ines' Führungsanspruch draußen erst recht nicht ernst nehmen. Das Korbtraining zeigt dem Hund, dass der Mensch derjenige ist, der über den gemeinsamen sozialen Raum bestimmt. Und damit auch derjenige ist, der die Verantwortung trägt.

Wenn es gravierende Probleme gibt, ist es fast immer so, dass diese Basis fehlt. Dabei geht es gar nicht darum, der »dominante Rudelführer« zu sein. Diese Vorstellung führt oft dazu, dass Hundehalter meinen, ihren Hund »hart« anpacken zu müssen – und das ist völlig unnötig. Es geht einfach nur darum, dem Hund zu zeigen: Überlass es ruhig mir, ich weiß, was zu tun ist! Klare Konsequenz gibt Hunden Sicherheit und Vertrauen.

Wir probieren das Korbtraining aus. Man merkt, dass Karlo und Anoki durchaus bereit

Karlo und Anoki akzeptieren ihre Körbe. Darauf kann man aufbauen!

sind, sich auf Ines' neue Anweisungen einzulassen. Nun muss sie geduldig einige Wochen üben und konsequent bleiben.

Allerdings wird beim Üben auch deutlich, wie schwer es Ines fällt, die Hunde klar und deutlich individuell anzusprechen. Wenn Karlo Platz machen soll, schmeißt sich Anoki in bester Hundeplatz-Manier auf den Boden – als würde er schreien: »Ich will auch!« Das ist ja gut und schön, aber er war ja nun gar nicht gemeint. Auch das ist Konsequenz: Ich will nicht, dass mein Hund irgendwas Tolles aus irgendwelchen Gründen macht, ich möchte, dass er das macht, was ich will, und zwar dann, wenn ich es will. Ganz einfach. Auch wenn es Ihnen egal ist, ob und wann und warum sich der Hund in den Korb legt – ob und wann und warum er einfach mal über die Straße rennt, ist Ihnen mit Sicherheit nicht egal. Es ist ein und dasselbe.

Wie jetzt, falsches Körbchen? Meinst du mich?

Wenn Anoki aus dem Kommando entlassen wird, verkrümelt sich Karlo ... Wenn der eine aufsteht, kommt der andere hinterher. Es ist auch nicht ganz klar, wem eigentlich welches Körbchen gehört. Da lässt sich noch einiges an Klarheit und Struktur reinbringen.

ALARMSIGNAL NUMMER 7: UM WEN GEHT ES HIER EIGENTLICH?

Ich achte immer genau darauf, ob Besitzer mehrerer Hunde in der Lage dazu sind, ihre Hunde einzeln anzusprechen und ihnen unabhängig voneinander Kommandos zu geben. Aber wieso? Ist doch schön, wenn beide Hunde kommen, wenn ich rufe? Es ist aber weniger schön, wenn beide Hunde nicht kommen, oder? Es könnte ja der andere gemeint sein.

Es ist schlicht und einfach so: Wenn ich klar und deutlich mit meinen Hunden kommunizieren will, dann muss auch vollkommen klar sein, wer gemeint ist. Nur so kann ich gezielt den Hund ansprechen, der gerade ein Kommando, ein Lob oder eine Korrektur braucht. Wenn es nur Anoki ist, der sich in die Leine hängt und bellt, warum dann beide ansprechen? Und wenn Karlo ein Lob bekommen soll, weil er ruhig bleibt, dann geht das nicht, weil Anoki das Lob auf sich bezieht, während er gerade ausflippt.

Es liegt auf der Hand, dass Ines nur dann in der Problemsituation eine Chance hat, wenn sie vorher gründlich erarbeitet hat, die Hunde einzeln anzusprechen. Und zwar auch hier wieder: Zunächst muss sie im Einzeltraining die Aufmerksamkeit und die Reaktion auf den Namen verbessern, bevor sie in der Stresssituation und unter starker Ablehnung darauf aufbauen kann.

Nun haben wir es also bis auf die Straße geschafft. An dem Punkt, an dem nach Ines' Auffassung die Probleme erst anfangen.

Anoki gebärdet sich laut und wütend an der Leine und möchte Falk vertreiben, während Karlo am liebsten flüchten würde. Und obwohl die Leinenführigkeit der beiden gar nicht schlecht ist, in dieser Situation artet dann alles in Ziehen und Zerren aus.

Später kommen wir nochmal zurück zu Karlo und Anoki und wie Ines mit beiden an der Leine arbeiten kann. Das Entscheidende ist aber: Bevor wir überhaupt beim eigentlichen Problem angekommen sind, sind schon sieben Alarmsignale angegangen – sieben Bereiche, in denen etwas – scheinbare Kleinigkeiten – im Argen liegt und die sich allesamt darauf auswirken, wie sich die Hunde verhalten. Es lohnt sich, diese Themenbereiche bei der eigenen Hundehaltung mal genauer anzuschauen und sich zu fragen: Wo und wie kann ich als Hundehalter etwas verbessern und verändern? Und zwar idealerweise, bevor es Probleme gibt.

NOCH BESSER: MACHEN SIE SICH DIESE FALLSTRICKE BEWUSST, BEVOR SIE DEN ZWEITEN HUND ANSCHAFFEN!

Es geht raus – und die Hunde, vor allem Anoki, sind unruhig und aufgeregt. Hier mehr Ruhe reinzubringen, wird den gesamten Spaziergang verbessern. Daher die Hausaufgabe für Ines: schon beim Anleinen und auf den ersten Metern konzentrierter und klarer zu sein.

Die Arbeit beginnt bereits vor der Gartentür und nicht erst bei der ersten Hundesichtung.

Anoki will Falk vertreiben, Karlo möchte sich am liebsten verdrücken.

Falk, Siska und ich – richtig gute Freunde.

Dakota drängt sich gerne mal in den Vordergrund.

ICH MÖCHTE SIE MIT DIESEM BUCH DAZU EINLADEN, ÜBER IHRE EIGENE ROLLE NACHZUDENKEN. SICH AUF DEN PRÜFSTAND ZU STELLEN, AN SICH ZU ARBEITEN UND AKTIV ZU WERDEN. NICHT NUR IN BEZUG AUF DIE MEHRHUNDEHALTUNG, SONDERN AUCH ALS HUNDEHALTER ÜBERHAUPT. DENN NICHTS ÖFFNET EINEM DIE AUGEN ÜBER DEN ERSTHUND MEHR, ALS EINEN ZWEITEN HUND ANZUSCHAFFEN. UND GLAUBEN SIE BLOSS NICHT, DAS GINGE MIR ANDERS.

Auch ein Hundetrainer ist nicht perfekt. Niemals würde ich behaupten, mein Hund hört immer und bei meinem Hund und mir klappt alles. Hund bleibt Hund, ein Lebewesen – genau wie ich. Trotzdem ist mein Rüde Falk in meinen Augen, für mich, so perfekt, wie es eben möglich ist. Aufmerksam, motiviert, zuverlässig. Ein toller Hund.

Einige Zeit nach dem recht plötzlichen und zu frühen Tod meiner geliebten Berner Sennen-Hündin Siska zog Dakota ein. Ein Chesapeake Bay Retriever-Rüde, acht Wochen alt. Man sollte meinen, dass Falk, fertig erzogen und ausgebildet wie er war, einfach so weiterlaufen würde, und ich mich in Ruhe um den Kleinen kümmern konnte. Aber weit gefehlt.

Natürlich hat Falk sehr genau mitbekommen, dass meine Aufmerksamkeit nicht mehr voll bei ihm lag. Und Falk, der schon immer ein selbstbewusster Hund war, der gerne sein eigenes Ding macht, tat genau das. Plötzlich entfernte er sich im Freilauf viel weiter von mir, als er das vorher getan hatte. Ließ sich Zeit beim Rückruf. Schnupperte erst in Ruhe fertig, bequemte sich geruhsam wieder herbei, statt zackig parat zu stehen wie sonst. Falk ist ein Hund, von dem man das zurückbekommt, was man gibt. Und wenn ich nicht aufmerksam bin, ist er es eben auch nicht.

Andere Hundepersönlichkeiten reagieren zum Beispiel mit dem, was wir aus menschlicher Sicht Eifersucht nennen würden. Sie versuchen, den Neuling zur Seite zu drängen und fordern Aufmerksamkeit. Wieder andere sind gestresst von den veränderten Umständen und fangen z.B. an, Sachen kaputt zu machen, oder leiden still vor sich hin, werden unsicher, ziehen sich in sich zurück.

Nicht selten entwickeln vormals ganz brave Hunde Probleme, zeigen sich plötzlich an der Leine aggressiv, hören nicht mehr auf den Rückruf, haben alle möglichen Kommandos wieder vergessen.

Das alles wird dann oft als Reaktion auf den neuen Hund verstanden. Dabei ist es eigentlich eine Reaktion auf das veränderte Verhalten des Menschen. Das Verhalten des Hundes ist zu einem ganz großen Teil Ausdruck der Beziehung zwischen Hund und Halter. Diese Beziehung verändert sich natürlich, wenn ein weiterer Hund ins Spiel kommt.

Je besser Sie als Team bereits aufgestellt sind, je stärker ihre Beziehung ist, umso besser können Sie mit der neuen Situation umgehen, umso besser erkennen Sie ob und womit Ihr Ersthund vielleicht Probleme hat – und umso besser klappt das Abenteuer Zweithund.

JE BESSER SIE BEREITS ALS TEAM AUFGESTELLT SIND, UMSO BESSER KLAPPT DAS ABENTEUER ZWEITHUND.

Ein neuer Hund kann den Halter ganz schön in Beschlag nehmen.

Checkliste: Sind wir bereit für einen zweiten Hund?

1. WIE ALT IST DER ERSTE HUND?

Der Idealfall: Der Ersthund ist erwachsen. Verhalten und Persönlichkeit sind gereift und gefestigt. Das ist ab etwa 3–4 Jahren der Fall. Auf jeden Fall sollte der Hund aber aus dem gröbsten Junghundalter raus sein – unter 15 Monaten kann ich die Anschaffung eines zweiten Hundes nicht empfehlen. Vor allem dann nicht, wenn der Althund auch Ihr erster Hund ist. Was aus dem kreuzbraven, schüchternen acht Monate alten Hund mal wird, kann man nie wissen. Lassen Sie Ihren Ersthund erst einmal heranwachsen und seine Persönlichkeit entwickeln.

In der Pubertät ist alle Erziehung oft vergessen und die Ohren stehen auf Durchzug. Wer das zum ersten Mal erlebt, fällt meist aus allen Wolken. Dabei ist es doch völlig offensichtlich – schließlich würde man auch nicht davon ausgehen, dass der schüchterne Erstklässler mit 16 auch noch mit dem Teddybären im Arm einschläft.

Der Althund sollte aber noch körperlich und geistig fit sein. Für einen Hund, der deutliche Alterserscheinungen zeigt, Schmerzen hat oder sonst körperlich nicht mehr mithalten kann, bedeutet ein Neuzugang, vor allem ein Welpe, oft eine große Belastung.

Das bedeutet nicht, dass es unmöglich ist, zu einem sehr jungen oder sehr alten Hund einen weiteren Hund dazuzunehmen – aber es erfordert erheblich mehr Management durch den Halter, als eine altersmäßig passende Konstellation.

2. SOZIALVERHALTEN GEGENÜBER FREMDHUNDEN

Fragen Sie sich:
- Ist mein Hund an der Leine aggressiv oder bellt er aus Frust, weil er unbedingt zum anderen Hund will?
- Ist er im Freilauf verträglich?
- Neigt er dazu, zu mobben oder wird er selbst oft gemobbt?
- Spielt mein Hund gern?

Ein Hund, der anderen Hunden gegenüber unsicher oder aggressiv ist, kann natürlich trotzdem harmonisch mit einem vertrauten Artgenossen zusammenleben, sogar davon profitieren. Das Verhalten fremden Hunden gegenüber sagt nur wenig darüber aus, wie sich das Zusammenleben im Verband gestalten wird.

Trotzdem sollte man die Zweithundpläne solange zurückstellen, bis man mit dem Ersthund sicher und ohne Stress Begegnungen mit fremden Hunden meistern kann. Denn Ängste oder Aggressionen gegen andere Hunde übertragen sich nur allzu leicht auf den Zweithund – und werden oft beim Ersthund auch noch ausgeprägter.

Sehr viel seltener erfüllt sich die Wunschvorstellung, der erste Hund würde durch einen Artgenossen an seiner Seite sicherer oder ruhiger. Viel wahrscheinlich ist es, dass der neue Hund das gleiche Verhalten zeigen wird. Vor allem, wenn man einen jungen Hund dazunimmt, der natürlich vom Althund lernt.

Was man dann bekommt, sind einfach zwei leinenpöbelnde Hunde statt einem leinenpöbelnden Hund – und das ist nicht nur für den Halter Stress, sondern auch für die Hunde. Die Korrektur von zwei Hunden, die an der Leine ausrasten, ist viel schwieriger, als wenn man nur einen Hund hat. Überlegen Sie es sich also gut, was Sie sich antun. Und schauen Sie genau hin. Aus einem »nur« mal Brummeln, kurzen Bellen, Fixieren, wird sehr schnell mehr, wenn der Hundeführer durch den zweiten Hund abgelenkt ist oder beide Hunde sich gegenseitig hochschaukeln. Oder der unsi-

chere Ersthund den zweiten regelrecht nach vorne schickt (wie bei Karlo und Anoki). Ebenso oft kommt es vor, dass der Ersthund nie Probleme zeigte – bis er es für notwendig hielt, den neuen Hund zu verteidigen.

Trainieren Sie mit Ihrem Ersthund Kontakte mit fremden Hunden intensiv, und bleiben Sie selbstkritisch: Lässt sich der Hund wirklich in jeder Situation entspannt führen, oder müssen Sie 100 Prozent Ihrer Aufmerksamkeit dafür aufwenden? Dann bleibt nicht genug Aufmerksamkeit für einen zweiten Hund. Der erste sollte noch sehr viel entspannter werden.

Ebenso wenig ist es sinnvoll, einen »Spielkameraden« für den tobeverrückten Ersthund haben zu wollen. Egal, wie gerne ein Hund mit anderen spielt, es bedeutet noch lange nicht, dass er seine Kumpels unbedingt 24 Stunden um sich haben muss. Oder sollte. Sozialkontakt zu Artgenossen außerhalb der eigenen Gruppe ist nicht dasselbe, wie Kontakt innerhalb der Gruppe. Es kann gut sein, dass der gern spielende Ersthund mit dem Zweithund überhaupt nicht spielen möchte – oder umgekehrt.

Viele Besitzer von jungen Hunden glauben, unbedingt einen Spielkameraden für ihren Hund zu brauchen. Denken Sie daran, dass nicht jeder Hund sein ganzes Leben lang so verspielt bleibt. Bieten Sie ihm ausreichend Kontakte zu Hunden, und bemühen Sie sich darum, selbst zum spannenden Interaktionspartner zu werden. Bauen Sie Bindung auf, werden Sie erstmal selbst wichtiger für Ihren Hund, bevor Sie sich die Ablenkung auch noch ins Haus holen und dann vielleicht ganz und gar abgemeldet sind.

FALK HÄLT SICH LIEBER RAUS, WENN SICH DAKOTA MIT ANDEREN JUNGSPUNDEN AUSTOBT.

Es ist für einen Welpen auch alles andere als sinnvoll, wenn er mit einem verspielten Halbstarken zusammenleben soll. Welpen brauchen Kontakt zu gleichaltrigen und sie profitieren von Kontakt zu erwachsenen Hunden – aber Welpen und Halbstarke passen nicht immer gut zusammen. Der junge Rüpel braucht Interaktionspartner, die ihm Grenzen setzen können. Ein Welpe ist damit komplett überfordert. Und Ihr Junghund besitzt noch nicht die soziale Kompetenz, einen Welpen zu erziehen.

Ist der eigene Hund beim Spiel mit anderen Hunden oft überfordert, mobbt oder wird gemobbt, wird schnell ängstlich oder aggressiv oder lässt sich aus dem Spiel nicht zurückrufen, sollte man erst noch an der Vertrauensbasis arbeiten und dem Hund dabei helfen, souveräner zu werden, bevor man ihm einen zweiten Hund an die Seite stellt. Einerseits muss Ihr Hund wissen, dass er unter Ihrem Schutz steht, wenn er sich auch vor dem Neuzugang fürchten sollte. Andererseits möchte

man nicht, dass der neue Hund die Unsicherheit des ersten übernimmt, oder in die Rolle des Beschützers gedrängt wird.

Wenn der Althund nicht sonderlich an fremden Hunden interessiert ist, ist das jedoch kein Grund, auf einen zweiten Hund zu verzichten. Im schlimmsten Fall wird der Althund den jungen eben erst mal ignorieren. Das ist oft sogar besser, als wenn der Zwelthund von zu viel Begeisterung des ersten völlig überfordert wird und nicht zur Ruhe kommt.

3. AUSBILDUNGSSTAND

HAUSREGELN

Weiß der Hund sich zu benehmen? Mit zwei Hunden im Haushalt werden Dinge, die sich mit einem noch übersehen lassen, zum Problem. Ein Hund, der nicht gelernt hat, im Haus Ruhe zu halten, dreht mit einem zweiten unter Umständen völlig auf. Ein Hund, der bei Besuch völlig ausflippt, mag noch irgendwie zu kontrollieren sein, bei zweien wird es unangenehm. Ein Hund, der jetzt schon Futter oder Kauknochen verteidigt, wird sich mit dem Neuzugang in die Wolle bekommen. Gewöhnen Sie Ihren Ersthund jetzt schon daran, dass Sie derjenige sind, der Liegeplätze zuweist, darüber entscheidet, wann Action angesagt ist und wann Ruhe, und dass Ressourcen wie Futter oder Spielzeug von Ihnen kontrolliert und zugeteilt werden.

LEINENFÜHRIGKEIT

Die Leinenführigkeit sollte beim Ersthund schon gut sitzen. Logisch, denn wenn man mit einem ziehenden Hund noch einigermaßen zurechtkommt – mit zweien ist Schluss mit lustig. Ein Hund, der unkontrolliert in die Leine brettert, ist schon einzeln eine Herausforderung. Bevor man sich auf ein Kräftemessen mit zwei Hunden einlässt, sollte man das also unbedingt »abstellen«. Und das auch mit Kleinhunden. Es geht nicht nur um das addierte Kampfgewicht, sondern auch um das Chaos mit mehreren Leinen.

Gute Leinenführigkeit heißt nicht perfekt Fuß gehen. Aber der Hund sollte aufmerksam an der lockeren Leine gehen, ohne ständig stehen zu bleiben oder die Seite zu wechseln. Er sollte die Begrenzung durch die Leine und durch den Körper des Hundeführers ohne Wenn und Aber akzeptieren und auch unter Ablenkung zu führen sein.

ALLEINEBLEIBEN

Das wird oft nicht bedacht – schließlich holen sich viele ja den zweiten Hund, damit der erste nicht alleine ist. Dabei ist das Gegenteil der Fall: Der Zweithund kann sich nur vernünftig entwickeln, wenn man mit ihm auch einzeln arbeitet. Und dazu muss der Ersthund auch mal alleine bleiben können. Nicht für acht Stunden – aber mit einem Hund, der gar nicht alleine bleiben kann, kann es schwierig werden, wenn keine Betreuung gegeben ist.

Zwei Hunde immer und überall mitzunehmen, ist obendrein ungleich schwieriger, als nur einen. Es gibt mehr Unruhe, sie brauchen mehr Platz usw. Es kann also sein, dass Sie die Hunde öfter zu Hause lassen müssen, als den Einzelhund vorher – und es ist nicht automatisch einfacher für die Hunde, alleine zu bleiben, weil sie jetzt zu zweit sind. Das kann, muss aber keineswegs so sein.

RÜCKRUF

Zwei Hunde im Freilauf zu kontrollieren, ist um ein Vielfaches anspruchsvoller, als nur einen. Was dem einen entgeht, sieht garantiert der andere – und wenn einer losrennt, dann rennt der andere mit. Der Rückruf beim ersten sollte also bereits wirklich gut sitzen. Und selbst dann sollte man sich darauf einstellen, nochmal gründlich daran arbeiten zu müssen und den Hund nicht mehr so oft ableinen zu können, wie bisher.

BLEIB!

Solange Amy oder Lucky die alleinige Nummer 1 sind, fällt vielen Haltern gar nicht auf, dass es an dieser Stelle hapert. Mit einem zweiten Hund dagegen schlägt die Stunde der Wahrheit. Man möchte nur nochmal schnell mit dem Welpen vor die Tür – zack steht da der Große und will mit. Man möchte eine kurze Einheit mit dem Welpen üben – schon drängelt sich der Ersthund dazwischen. Der kleine wird belohnt, der große will auch etwas. Und wenn der Ersthund ins Nebenzimmer gesperrt wird, bellt und winselt er und der Mensch hat ein schlechtes Gewissen.

Wenn ein zweiter Hund dazukommt, ist es wichtig, dass der Ersthund bereits gelernt hat, dass er auch mal warten muss und nicht immer im Mittelpunkt steht. Schauen Sie also genau hin, wie sich Ihr Ersthund verhält, wenn er z.B. auf seinen Platz geschickt wird. Wenn er einfach mal zehn Minuten im Platz und Bleib warten soll. Wenn Sie sich beim Spaziergang mit jemandem unterhalten möchten und es nicht gleich weitergeht.

Wenn das gar nicht klappt, arbeiten Sie besser daran, bevor der Zweithund kommt – sonst müssen Sie diese wichtige Lektion mit zwei Hunden gleichzeitig erarbeiten.

Wenn es an einer dieser Stellen hapert, ist das natürlich noch kein Grund, komplett auf einen zweiten Hund zu verzichten. Aber die kurze, ehrliche Analyse Ihres Ersthundes zeigt Ihnen deutlich auf, woran Sie verstärkt arbeiten sollten, und zwar bereits vorher, um ein gutes Team zu werden – zu zweit und zu dritt!

4. ZEIT, PLATZ UND GELD

»Wo einer satt wird, wird auch ein zweiter satt.« Wenn ich diesen Spruch nicht schon so oft gehört hätte, würde ich diese Zeilen gar nicht schreiben. Zwei Hunde kosten erheblich mehr Geld als einer, das sollte wirklich jedem klar sein. Und nur, weil der erste Hund nie krank war und billiges Futter fressen kann, bedeutet das noch lange nicht, dass der zweite nicht eine Arthrose-OP und Allergikerfutter braucht. Nicht zu vergessen, dass die Hunde irgendwann alt werden und das eine oder andere Zipperlein entwickeln. Wo einer satt wird, wird genau einer satt – wenn zwei Hunde versorgt werden müssen, dann kostet das auch mindestens das Doppelte.

Platz ist dagegen das geringste Problem. Wenn noch ein zweiter Schlafplatz hinpasst, reicht das völlig. Denn bei zwei Hunden gilt noch mehr als bei einem: In der Wohnung herrscht Ruhe. Von Vorteil ist es allerdings, wenn man die Hunde zeitweise räumlich trennen kann, sollte das nötig sein.

Wenn man auf Fremdbetreuung angewiesen ist, sollte diese auch für zwei Hunde möglich sein. Der Plan, dass die Hunde dann zu zweit problemlos alleine bleiben, geht nämlich nicht immer auf. Im Gegenteil: Hat man einen Hund, der nicht alleine bleiben kann, ist es wahrscheinlich, dass sich die Unruhe auf den zweiten überträgt. In einer Mietwohnung bedeutet die Erlaubnis, einen Hund zu halten, nicht automatisch, dass mehrere erlaubt sind, also vorher unbedingt schriftlich klären!

UND DIE ZEIT?

Hier liegt meist der Hase im Pfeffer. Die meisten Menschen unterschätzen den Zeitaufwand für den zweiten Hund völlig. Sicher, wenn beide Hunde ausgebildet und im Alltag problemlos sind, ist es scheinbar egal, ob man mit einem oder mit zweien spazieren geht. Scheinbar, weil ich auch bei völlig unkomplizierten Hunden der Meinung bin, dass das nicht reicht.

Der Welpe Dakota darf die Welt auch ohne Falk im Rücken entdecken und seine eigenen Erfahrungen machen.

Aber in der Anfangsphase reicht es auf keinen Fall. Der Zweithund muss nicht nur erzogen werden, er erfordert in der Eingewöhnungszeit bzw. der Welpen- und Junghundzeit auch große Aufmerksamkeit. Der Ersthund darf in dieser Zeit ebenfalls nicht vernachlässigt werden. Um seinen Ausbildungsstand zu erhalten, braucht er weiterhin Training. Sonst läuft der vermeintlich unkomplizierte Ersthund unter Umständen schnell aus dem Ruder. Erziehung ist kein Zustand, den man einmal erreicht und dann für immer sicher hat. Die Erziehung (und die Beziehung zum Hund!) muss ständig gepflegt und erhalten werden.

Und nicht zuletzt müssen beide Hunde auch gemeinsam trainiert werden, denn die Aufgabe, als Team zu funktionieren, ist noch mal eine andere, als einzeln.

Als Faustregel sage ich: Mit zwei Hunden muss man die Trainingszeit nicht verdoppeln, sondern verdreifachen. Zum Beispiel: eine Stunde pro Tag für jeden Hund einzeln, plus eine Stunde gemeinsam. Das gilt ebenso für ganz normale Spaziergänge – auch diese sollten nicht immer gemeinsam stattfinden, sondern mit jedem Hund einzeln. Wenn man diese Extrazeit nicht mehrmals in der Woche aufbringen kann, wird es spätestens dann eng, wenn es

Probleme gibt und man um Einzeltraining nicht mehr herumkommt.

Natürlich entspricht dieses Konzept nicht der romantischen Vorstellung vom Hunderudel, das fröhlich um einen herumspringt, während man entspannt durch Feld und Wald spaziert. Aber dieses Bild ist eben – im besten Fall – das Ergebnis vernünftiger Erziehung. Und nicht der Ausgangspunkt.

5. DIE LEBENSUMSTÄNDE

Es gibt eine Menge Dinge, die vorher nicht bedacht werden. Gehen Sie Ihren Alltag durch und fragen Sie sich, ob das mit zwei Hunden auch so klappen kann, wie mit einem. Die Schwiegermutter, der Opa, der Nachbar, die Tante betreut Ihren Hund im Notfall? Was passiert, wenn die Betreuungsperson mit zwei Hunden überfordert ist? Oft ist auch in der Ferienwohnung oder im Hotel nur ein Hund erlaubt. Oder am Arbeitsplatz. In den meisten Autos ist nicht genug Platz im Kofferraum für zwei Hundeboxen. Passen zwei Hunde in den Fahrradanhänger? Oder ins Bett ...?

Die meisten Probleme lassen sich natürlich lösen. Aber es ist immer besser, sich vorher Gedanken zu machen.

Warum ein zweiter Hund?

Warum ein zweiter Hund? Die einzige richtige Antwort auf diese Frage sollte sein: Weil ich einen zweiten Hund möchte. Für mich. Weil ich Zeit, Platz und Geld für einen zweiten Hund habe, weil ich mit ihm arbeiten und zusammenleben möchte. Und nicht der Ersthund.

Denn tatsächlich wird ein zweiter Hund häufig als Gesellschafter für den ersten Hund angeschafft.

Sogar Hundetrainer raten manchmal dazu. In einem mir bekannten Fall wurde die Anschaffung eines Zweithundes empfohlen, um einen unsicheren, leinenaggressiven Rüden aus dem Tierschutz mehr Sicherheit und Selbstvertrauen zu geben. Gemeinsam mit der Trainerin wurde ein zweiter Hund auf der Pflegestelle besichtigt, und nachdem beide Hunde nett spielten und in den Augen der Trainerin prima zusammenpassten, wurde der zweite Hund kurzerhand mitgenommen.

Zuhause war es mit der Harmonie aber sofort vorbei, der Ersthund wollte den Eindringling vertreiben und war nun noch unsicherer. Nach zwei Tagen ging der Zweithund wieder zurück zur Pflegestelle.

Statt wie gewünscht, souveräner gegenüber Artgenossen zu werden, hat der Ersthund also nur eine unangenehme Erfahrung in seinem eigenen Zuhause machen müssen. Und selbst wenn er sich mit dem zweiten Hund bestens vertragen hätte – oder die Menschen sich die Zeit genommen hätten, die beiden Hunde vernünftig aneinander zu gewöhnen – hätte das an seinem fehlenden Vertrauen zum Menschen und seinem Verhalten gegenüber Fremdhunden nichts geändert.

Hätte man den Zweithund geholt, weil man selbst eben einen zweiten Hund möchte, hätte

sich das auch anders entwickeln können. Durch klare Regeln im Haus, die Auseinandersetzungen verhindern, durch intensive Arbeit mit beiden Hunden, hätte die Konstellation auch funktionieren können. Die Erwartung, dass die Hunde »gefälligst« beste Freunde sein sollen, sich mögen und gut füreinander sein sollen, hat aber nur zu Enttäuschung und Frust geführt.

Wenn ich Falk gefragt hätte, ob er nach dem Tod meiner Hündin Siska wieder einen Zweithund möchte, hätte er mit Sicherheit »Nein« gesagt.

Obwohl er nach Siskas Tod getrauert hat, hat er die Zeit als unangefochtene Nummer 1 auch genossen. Das Erstaunlichste am sprichwörtlichen besten Freund des Menschen ist ja, dass für ihn der Mensch tatsächlich ein vollwertiger Sozialpartner ist, sogar wichtiger als eigene Artgenossen. Im Unterschied zu anderen Tierarten ist der Hund in der Lage, in einem echten Sozialverband mit dem Menschen zu leben. Das bedeutet natürlich nicht, dass der Hund ohne Kontakt zu anderen Hunden leben sollte.

Die regelmäßige Begegnung mit Artgenossen sollte zu jedem Hundeleben dazugehören. Welpen sollten Gelegenheit zum Spielen mit anderen Jungspunden bekommen, aber auch mit erwachsenen Hunden zusammenkommen. Allerdings kann es sehr gut sein, dass der Hund mit dem Erwachsenwerden das Interesse an Artgenossen weitgehend verliert. Wir Menschen schauen zwar allzu gerne fröhlich tobenden Hunden zu – erwachsene Hunde haben aber oft anderes im Sinn und empfinden es eher als lästig, dauernd angespielt zu werden.

Wenn Sie also glauben, ihr acht Monate alter Junghund braucht unbedingt einen Spielkameraden, suchen Sie sich lieber regelmäßige Hundekumpel zum Gassigehen, statt direkt einen zweiten Hund dazuzuholen. Sandkastenfreundschaften sind toll – aber man muss nicht unbedingt den Rest seines Lebens mit ihnen zusammenleben, oder? Und umgekehrt ist es absolut nicht garantiert, dass die eigenen Hunde auch die besten Spielpartner füreinander werden. Sehr häufig ist sogar genau das nicht der Fall.

Wenn Sie Ihrem Hund ein interessantes, abwechslungsreiches Leben, Interaktion mit Ihnen und Kontakt zu Artgenossen bieten können, dann hat er alles, was er braucht.

Wenn Sie aber ohne falsche Erwartungen herangehen und bereit sind, einem zweiten Hund genauso viel Aufmerksamkeit zu geben, wie dem ersten, dann ist das Zusammenleben mit einem Artgenossen auch für den Ersthund ein Gewinn. Denn natürlich sind Hunde Tiere, die gerne in Gesellschaft leben.

Wie entscheidet man sich für den richtigen Zweithund?

GEGENSÄTZE ZIEHEN SICH AN – ODER
GLEICH UND GLEICH GESELLT SICH GERN?

Wie entscheidet man sich für den richtigen Zweithund? Grundsätzlich natürlich nach denselben Kriterien, wie für den ersten Hund auch. Welcher Hund passt zu mir, welcher Rasse werde ich gerecht, welchen Aufwand kann und will ich betreiben? Zusätzlich muss man sich natürlich die Frage stellen: Passt es mit dem ersten Hund?

An dieser Stelle möchte ich nur Denkanstöße geben. Man kann nie pauschal sagen, das passt oder das passt nicht. Natürlich gibt es alle möglichen Konstellationen, auch unwahrscheinliche, und oftmals funktioniert das Zusammenleben überraschend harmonisch – aber ich höre auch jeden Tag den Satz: »Das haben wir uns anders vorgestellt!«

DIE GLEICHE RASSE DAZU – ODER WAS GANZ ANDERES?

Für die gleiche oder eine ähnliche Rasse spricht vieles! Man hat bereits Erfahrungen mit der Rasse und ihren Besonderheiten gemacht. Die Bedürfnisse und Neigungen der Hunde passen zusammen. Man muss sich weniger umstellen. Dazu gehören schon so offensichtliche Dinge wie Bewegungsdrang oder Hitzetoleranz. Hat man einen Hund, der auch im Sommer bei langen Wanderungen mithält, passt ein Neufundländer oder eine Bulldogge wohl nicht dazu – oder muss zu Hause bleiben.

Umgekehrt ist es natürlich faszinierend, sich mit einer völlig anderen Art Hund auseinanderzusetzen. Aber mancher Retrieverbesitzer wird sich schwer tun, wenn er es mit einem eigenständigeren Hund zu tun bekommt, bei dem es sehr viel mehr Aufwand erfordert, zum gleichen Ergebnis zu kommen (wenn überhaupt – nicht jeder Hund findet es sinnvoll, den Ball ein Dutzend mal zurückzubringen ...).

Wenn man zwei sehr unterschiedliche Hunde gemeinsam führt, kann es ganz schön schwierig werden, sich binnen Sekunden auf die jeweilige Persönlichkeit einzustellen. Aber genau das ist nötig.

FALK UND SISKA – GEGENSÄTZE IM TEAM

Falk und meine verstorbene Hündin Siska verkörperten zwei sehr verschiedene Hundetypen. Siska war ein absoluter Futterhund, während Falk am besten mit Spiel zu motivieren ist. Falk ist immer aufmerksam, er arbeitet immer mit und lernt begeistert.

Siska bei der Stange zu halten, war sehr viel schwieriger, und nach einer halben Stunde hatte sie oft einfach keine Lust mehr. Das ist nicht nur eine Frage der Ausbildung. Es ist völlig klar, dass ein Berner Sennenhund anders veranlagt ist. Diese Rasse hat viele Vorteile, die Hunde sind meistens gutmütig und freundlich und echte Charakterhunde, aber sie sehen die Zusammenarbeit mit dem Menschen nun mal nicht als ihren einzigen Lebensinhalt an. Ein Australian Shepherd oder ein Labrador Retriever wird bei gleicher Erziehung immer motivierter und aufmerksamer sein – vermutlich ganz schön doof in den Augen eines gestandenen Sennenhundes!

Keiner meiner Hunde war oder ist besser oder schlechter als der andere. Aber sie sind verschieden. Manche Hunde lernen schnell, andere langsam, manche sind einfach zu motivieren, andere hinterfragen alles oder sehen einfach keinen Sinn in der Zusammenarbeit. Manche Hunde reagieren blitzschnell, andere überlegen erst mal, manche regen sich schnell auf, andere lassen sich kaum aus der Ruhe bringen. Alles hat seine Vor- und Nachteile.

Die große Schwierigkeit für den Menschen besteht darin, nicht ungerecht oder ungeduldig zu werden. Schnell passiert es, dass man mit dem eigenständigeren (scheinbar sturen) Hund ständig unzufrieden ist, weil man die fixe, motivierte Art des anderen gewohnt ist. Selbst wenn man das nach außen hin nicht zeigt – auch unterschwellige Unzufriedenheit macht die Arbeit mit solchen Hunden zum Frust, für beide. Die scheinbar so sturen, dickfelligen Hunde sind meist viel sensibler, als man denkt, und ziehen sich schnell noch mehr in sich zurück, wenn man ihnen mit Unzufriedenheit und dauernder Kritik entgegentritt. Ihr scheinbares Desinteresse ist nichts anderes als Frust.

Umgekehrt ist ein arbeitsfreudiger Hund schnell unterfordert, wenn man gar nicht mit ihm aktiv arbeiten will und eigentlich nur einen netten Mitläufer haben möchte. Er fordert ständig Aufmerksamkeit, drängt sich dazwischen. Ein »Workaholic« zieht schnell alle Aufmerksamkeit auf sich – und der andere Hund gerat noch mehr ins Hintertreffen.

Je unterschiedlicher die Hunde, umso höher sind also die Anforderungen an die Flexibilität des Halters. Hier sollte man ehrlich zu sich selbst sein und sich fragen: Möchte ich das? Die Arbeit mit sehr unterschiedlichen Hunden ist faszinierend und man lernt ungemein viel dabei. Gerade eigenständige Hunde schulen den Menschen sehr stark in Punkto Klarheit, Genauigkeit, Fairness und Konsequenz. Sie machen nicht einfach, was man sagt, sie erwarten echte Führung.

Sie wollen verstehen, sie wollen einen Sinn dahinter sehen. Sie wollen ehrlich motiviert werden. Wenn ein eigenständiger Hund begeistert zur Zusammenarbeit bereit steht, dann ist das ein Riesenkompliment für den Halter – von manch anderem Hund bekommt man das mehr oder weniger geschenkt.

Wer sich auf den »sturen« Hund einlässt, der bekommt eine Schulung in Feinfühligkeit, Timing und Geduld – und davon profitiert natürlich auch der leichtführigere Hund, der nicht alles derart hinterfragt.

Wer sich aber von seinem Dickkopf dazu verleiten lässt, laut und ungeduldig zu werden, der bekommt nicht nur von ihm die kalte Schulter gezeigt, er läuft auch Gefahr, den anderen, sensibleren Hund einzuschüchtern.

Menschen, die sich noch nicht auf einen Hundetyp festgelegt haben, und die bereit sind, sich mit den faszinierenden Unterschieden offen und ohne falsche Erwartungen auseinanderzusetzen, können von einem bunten Kontrastprogramm natürlich ungemein viel lernen!

In der Regel beobachte ich aber: Wenn man mit einem Typ Hund – z.B. Hütern oder Retrievern – sehr zufrieden und glücklich ist, spricht viel dafür, dabei zu bleiben.

Auch zwei Hunde derselben oder einer ähnlichen Rasse haben schließlich immer noch ihre einzigartige Persönlichkeit, auf die man eingehen muss. Man sollte sich gut überlegen, ob man das noch steigern möchte.

Wenn man dagegen Probleme mit rassetypischen Eigenschaften seines Hundes hat, sollte man den Fehler natürlich nicht wiederholen. Wenn Sie also die übergroße Freundlichkeit des Labbis, die Bellfreude des Collies, den Schutztrieb des Australian Shepherds als Problem erleben, dann gehen Sie nicht davon aus, dass der nächste Vertreter der Rasse genau diese Eigenschaft nicht hat.

Typische Eigenschaften lassen sich eben auch nicht einfach wegerziehen. Sie gehören zum Hund, zur Rasse dazu.

Ein Trend gefällt mir gar nicht: Riesenrasse plus Minihund. Auch, wenn es witzig aussieht. Extreme Größenunterschiede empfehle ich persönlich nicht. Ein Welpe einer großen Rasse ist oft zu ungestüm für einen Kleinhund. Umgekehrt kann ein sehr großer Hund einen Winzling völlig unbeabsichtigt schwer verletzen. Natürlich ist Kleinhund nicht gleich Kleinhund – ein Jack Russell Terrier ist ein ganz anderes Kaliber als ein Windspiel. Und viele große Hunde gehen sehr freundlich mit kleinen um.

Bevor Sie sich einen Kleinhund zum Großen holen, sollten Sie auf jeden Fall dafür sorgen, dass Ihr großer Hund mit Kleinhunden vertraut ist und sich im Spiel zurückhalten kann. Wenn Ihr Hund sehr stark auf Bewegungsreize reagiert, ist auch Vorsicht geboten. Wenn große Hunde Kleinhunde verletzen, dann hat das oft nichts mit Aggression unter Artgenossen zu tun, sondern damit, dass der rennende Kleinhund den Beutereflex ausgelöst hat.

Es geht dabei nicht nur um den eigenen Hund. Wenn Sie mit Ihrem großen Hund auf andere Hunde treffen, ist das vermutlich meistens kein Grund zur Sorge. Mit einem Kleinhund erlebt man solche Begegnungen ganz anders. Nicht umsonst benehmen sich viele Kleinhunde scheinbar so »frech« und aggressiv gegenüber fremden Hunden – sie gehen aus Angst und Unsicherheit zur Strategie »Angriff ist die beste

Verteidigung« über. Wie anders die Gassirunde mit einem Kleinhund ist und welche Probleme Kleinhundebesitzer haben, auf wie viel Rücksichtslosigkeit sie treffen, machen sich Großhundebesitzer oft – leider – gar nicht klar. Können Sie mit gewohnten Hundebekanntschaften oder in Ihrem gewohnten Auslaufgebiet auch mit einem Kleinhund in Zukunft noch entspannt Gassi gehen?

Bevor man sich also einen Zwerg dazuholt, sollte man sich ein paar Mal mit Kleinhundebesitzern zum Spaziergang treffen und es einfach mal erleben.

RÜDE ODER HÜNDIN?

An sich ist ein Pärchen die unkomplizierteste Konstellation. Wenn man allerdings beide Geschlechter unkastriert zusammen halten möchte, liegen die Probleme auf der Hand. Das geht nur, wenn man den Rüden und die läufige Hündin wirklich absolut sicher getrennt halten und/oder beaufsichtigen kann. Möglich ist es natürlich, aber es erfordert einiges an Management. Es reicht schon ein kurzer unbeaufsichtigter Moment und das Malheur ist passiert.

Aber auch bei räumlicher Trennung ist es vor allem für einen unkastrierten Rüden sehr stressig, in so engem Kontakt zu einer läufigen Hündin zu sein. Er ist ständig mit den Gerüchen konfrontiert – vor allem für einen jungen Rüden ist das eine extreme Ablenkung und bedeutet großen Stress. Manche Rüden lernen, damit umzugehen, andere nicht – das kann man vorher nicht wissen.

Viele Hundehalter unterschätzen auch völlig, wie früh es schon zum erfolgreichen Deckakt kommen kann. Selbst wenn Sie beabsichtigen, den Neuzugang später kastrieren zu lassen, ist es wichtig, dass man bis dahin die räumlichen Bedingungen hat, um die Hunde zuverlässig getrennt zu halten, wenn man nicht dabei sein kann.

Es gibt viele Argumente für oder gegen eine Kastration – von einer Frühkastration, bevor der Hund herangewachsen ist, möchte ich aber unbedingt abraten. Das hat drastische Konsequenzen für die Entwicklung des Hundes. Wer also einen andersgeschlechtlichen Hund zu einem unkastrierten dazuholt, muss sich mindestens in der Anfangszeit Gedanken über eine verlässliche räumliche Trennung machen. Gleichgeschlechtliche Konstellationen sind in diesem Punkt natürlich einfacher. Ob man Hündinnen oder Rüden bevorzugt, ist dabei weitgehend einfach Geschmackssache.

Viele Hundehalter glauben allerdings, Hündinnen seien sanfter, verträglicher; Rüden dagegen aggressiver. Sind zwei Hündinnen also die bessere Wahl? Zunächst einmal kann man auch hier wieder nicht ohne weiteres vom Verhalten Fremdhunden gegenüber auf das Verhalten im eigenen Familienverband schließen. Nur, weil sich ein Rüde draußen gerne mal in eine Rauferei stürzen würde, heißt das zum Beispiel noch lange nicht, dass er auch den Zweithund als Rivalen ansieht. Im festen Verband stellen Sie außerdem die Regeln auf, und können etwaige Auseinandersetzungen unterbinden.

Zum Verhältnis der Geschlechter muss man wissen: Wenn Rüden in Auseinandersetzungen geraten, handelt es sich meist um laute Schaukämpfe mit viel Getöse. Meist können Rüden so schon durch Imponiergehabe klären, wer Oberwasser hat. Es ist also eher Angeberei als Ernstkampf, je lauter, umso harmloser.

Hündinnen kämpfen zwar seltener als Rüden, aber wenn sie es tun, dann mit größerem Ernst. Streitereien zwischen Hündinnen können in erheblichen Verletzungen enden, sogar bis zum Tod führen. Nun muss man nicht vom Schlimmsten ausgehen, aber man sollte im Hinterkopf behalten, dass Hündinnen, die in Konflikt geraten, meist keine Freundinnen mehr werden. Hündinnen, die ernsthaft nicht miteinander können, zusammen zu halten, kann tatsächlich blutig enden – oft gänzlich überraschend für den Halter, der die Anzeichen nicht gesehen hat. Rüden können sich im wahrsten Sinne des Wortes wieder »zusammenraufen« – bei Hündinnen sind Antipathien kaum noch rückgängig zu machen.

Es kommt nur selten zu derart ernsthaften Problemen, aber man sollte es im Hinterkopf behalten, wenn man erwachsene Hunde zusammenführt. Auch die Zeit, wenn der Nachwuchshund erwachsen wird, ist eine sensible Phase. Damit es nicht zu Auseinandersetzungen kommt, muss man als Mensch die Oberhand behalten und das Zusammenleben regeln – und sich auf keinen Fall auf den Irrglauben verlassen, Hündinnen seien von vornherein unproblematisch miteinander.

Die seltenen Fälle, bei denen zwei Hunde wirklich nicht zusammen gehalten werden können, weil sie sich an die Gurgel gehen und sich gegenseitig absolut nicht dulden, sind oft Hündinnen-Konstellationen. Man sollte also gut darauf achten, wie sich das Verhältnis der Hunde entwickelt, wenn sich der Neuzugang eingelebt hat oder die Nachwuchs-Hündin heranwächst. Wenn man die Dinge zu lange laufen lässt und es erst mal zu einer ernsthaften Auseinandersetzung gekommen ist, ist das bei zwei Hündinnen oft nicht mehr wieder gutzumachen.

Der Nachwuchs-Hund: Welpe zum Ersthund

Diese Konstellation ist sehr häufig. Man wünscht sich einen Nachfolger, möchte nicht ohne Hund sein, wenn der alte Hund irgendwann nicht mehr ist.

Der Welpe kann natürlich sehr davon profitieren, dass bereits ein Hund da ist. Das gibt ihm sehr viel Sicherheit. Alles riecht nach dem Artgenossen, er hat einen Kommunikationspartner, den er instinktiv versteht und dessen Körpersprache er nicht erst zu lesen lernen muss. Er kann sich vieles abschauen, er sieht, dass der andere keine Angst vor all den unheimlichen neuen Sachen hat und er ist nicht alleine mit der fremden neuen Umgebung konfrontiert. Das alles ist natürlich positiv.

Allerdings wird sich der Welpe auch stärker am Althund orientieren als am Menschen. Um eine feste Bindung zum Menschen aufzubauen, muss man von Anfang an – vom ersten Tag an! – viel mit dem Welpen einzeln interagieren und ihn nicht nur »mitlaufen lassen«. Sonst hängt sich der Junghund zu sehr an den Alten, und das ist aus vielen Gründen nicht gut.

Der offensichtliche Grund ist natürlich, dass man selbst als Führungspersönlichkeit gesehen werden möchte und nicht nur über den Umweg des Althundes. Warum? Ein Beispiel:

Natürlich wird ein erwachsener Ersthund in den allermeisten Fällen dem Welpen zu Hilfe eilen, wenn er z.B. durch einen anderen Hund in Bedrängnis gerät. Prima, dann muss ich das als Mensch nicht selbst erledigen? Falsch gedacht. Denn der Ersthund wird relativ bald den Nachwuchs im Regen stehen lassen – warum sollte er einen dreisten Halbstarken beschützen? Der soll ruhig seine eigenen Erfahrungen machen!

Ihr Hund hat natürlich nun nicht als Welpe gelernt, beim Menschen Schutz zu suchen – und dessen Schutz und Begrenzung zu akzeptieren – und Sie haben sich einen Hund herangezogen, der seine Probleme selbst regelt. Ihr Ersthund kann Ihnen nicht dabei helfen, eine Leinenaggression abzustellen.

Spaziergänge, Begegnungen mit anderen Hunden und generell viele neue Erfahrungen sollten Sie also mit dem Welpen alleine machen. Es ist nicht gut, wenn der Welpe dem Althund überallhin folgt – aber Ihnen nicht.

Selbst wenn Sie jetzt davon überzeugt sind, dass Sie das nicht stört, weil Sie ja sowieso immer und überall mit beiden Hunden unterwegs sein wollen – spätestens, wenn der Ersthund stirbt und Sie mit dem jüngeren alleine dastehen, werden Sie das anders sehen.

Es ist dem Nachwuchshund gegenüber nicht fair, ihn in Abhängigkeit vom Ersthund zu halten. Und es ist genauso wenig fair gegenüber dem Ersthund, ihm die anstrengende Aufgabe aufzudrängen, einen anderen Hund zu führen und zu schützen. Ich würde das hier gar nicht schreiben, wenn diese Vorstellung nicht in letzter Zeit so in Mode gekommen wäre.

Unsere Hunde sind von Menschen domestizierte, gezüchtete und geformte Geschöpfe, die in einer Menschenwelt leben müssen. Damit sie das erfolgreich und zufrieden tun können, brauchen sie die Unterstützung und Führung des Menschen. Ein anderer Hund kann das nicht leisten.

Es ist aber nicht immer alles nur Harmonie und Friede, Freude, Eierkuchen. Es kann sehr gut sein, dass Ihr Ersthund überhaupt nicht begeistert ist, wenn da plötzlich ein Welpe ist.

Im Gefolge des älteren kann der junge Hund viel lernen – aber eben nicht alles!

Gerade erwachsene Hündinnen denken oft überhaupt nicht daran, ihre Mutterinstinkte zu entdecken – sehr zur Enttäuschung der Halter. Das kann man sich ersparen, wenn man nicht mit der Erwartung dran geht, der Zweithund müsse unbedingt die tolle und lang ersehnte Gesellschaft für den ersten sein. Zwingen Sie Ihrem Ersthund den Welpen nicht auf, sondern geben Sie ihm Raum, sich an den Neuzugang zu gewöhnen.

Sorgen Sie für klare Verhältnisse. Achten Sie von Anfang an darauf, dass es keine Streitigkeiten um Ressourcen geben kann. Idealerweise weiß Ihr Ersthund schon, dass er einen Kauknochen auf seinem Liegeplatz bekommt und dort in Ruhe und ungestört verknuspern darf – dasselbe soll auch für den Welpen gelten. (Mehr zu Ressourcenproblematiken finden Sie weiter unten.)

Achten Sie darauf, dass der Welpe den Ersthund nicht nervt, ihn unablässig anspielt oder verfolgt – aber auch nicht umgekehrt. Spielen und Toben sollte prinzipiell draußen stattfinden, drinnen ist Ruhe. Und zwar durchaus auch mal getrennt, jeder auf seinem Platz. So bekommen beide genug Schlaf und Entspannung und keiner kann dem anderen zu sehr auf die Pelle rücken.

Wenn beide Hunde Nähe zueinander suchen, ist das natürlich schön. Aber denken Sie immer daran, es ist nicht im Sinne der Hunde, sie völlig unzertrennlich werden zu lassen.

Wenn Sie am Anfang ein bisschen mehr managen und reglementieren und genau beobachten, können Sie einen guten Grundstein für die künftige Beziehung der Hunde legen und vermeiden Konflikte oder unangenehme Erfahrungen, die es später wieder auszubügeln gilt.

Man braucht Ruhe und Gelassenheit im Umgang mit einem Welpen – auch als Hund!

WAS KANN SCHIEFGEHEN?

Bevor man sich einen Welpen dazuholt, sollte man sich anschauen, wie sich der eigene Hund gegenüber Welpen verhält. Versuchen Sie, Ihrem Ersthund Kontakt zu Welpen zu ermöglichen, um zu sehen, wie er reagiert.

Viele Hunde ignorieren Welpen einfach – dann werden Sie kaum Probleme bekommen. Es ist völlig o.k., wenn der Ersthund nicht der Spielpartner für Ihren Welpen sein möchte. Zwingen Sie es ihm dann bitte auch nicht auf. Mit der Zeit werden die beiden eine Beziehung zueinander aufbauen.

Manche Hunde, vor allem erwachsene Hündinnen, reagieren auf Welpen sehr genervt, manche wirken völlig hilflos und verunsichert, andere verhalten sich unangemessen und sind nicht in der Lage, sich im Spiel zurückzunehmen und anzupassen. Halbstarke Junghunde sind oft zu ungestüm und unkontrolliert im Spiel mit Welpen.

Dann müssen Sie darauf vorbereitet sein, noch ein bisschen mehr lenkend einzugreifen, die Hunde nicht einfach sich selbst zu überlassen und in der Anfangszeit genug Zeit (und Nerven) haben, das Zusammenleben der Hunde genau zu beobachten und zu managen. Ihr Ersthund wird von der neuen Situation eventuell überfordert und gestresst sein.

Sie müssen also darauf vorbereitet sein, ihn abzuschirmen, Zeit und Muße für ihn alleine aufbringen zu können – das heißt aber auch, dass Sie eine Betreuung für den Welpen in dieser Zeit brauchen.

All das ist natürlich machbar. Es könnte aber auch die bessere Alternative sein, noch etwas zu warten und dem Ersthund mehr Reife und Lebenserfahrung zu geben. Oder auch, einen gut passenden, erwachsenen Hund zu suchen, der gut zum Ersthund passt.

Wichtig ist, dass man sich bewusst macht, dass nicht alle Hunde automatisch »lieb« zum süßen kleinen Welpen sind. Die wenigsten Hunde sind Welpen gegenüber aggressiv – aber auf den viel beschworenen Welpenschutz darf man sich keinesfalls verlassen. Nicht alle Hunde besitzen die Souveränität und innere Ruhe, die man für den Umgang mit so einem kleinen nervenden Ding braucht, und viele Hunde sind damit schlicht überfordert und genervt. Sie werden das irgendwann auch zeigen und den Welpen zurechtweisen.

Dann ist es der falsche Weg, den Althund dafür zu tadeln und seine Warnungen zu unterbinden. Wenn man das tut, zwingt man ihn entweder, stumm zu leiden oder man riskiert, dass es ihm irgendwann einfach zu viel wird und er ohne Vorwarnung, scheinbar aus dem Nichts, den anderen Hund ernsthaft angeht.

Der Nachwuchs steht oft im Mittelpunkt.

Warnzeichen sind wichtig und gehören zur Kommunikation. Der Welpe muss lernen, Warnungen zu respektieren. Ihre Aufgabe ist es, dafür zu sorgen, dass es bei Warnungen und Zurechtweisungen bleibt. Wenn sich der junge Hund vom alten nicht beeindrucken lässt, oder dieser einfach zu gutmütig ist, unterstützen Sie Ihren Ersthund!

HERAUSFORDERUNG AN DEN HALTER

Die Mehrhundehaltung stellt viele besondere Ansprüche. Die Kombination erwachsener Hund und Welpe hat ihre ganz eigenen Tücken. Die allergrößte natürlich: den Welpen nicht zu sehr in den Mittelpunkt zu stellen. Welpen sind nun aber leider absolut dafür geschaffen, alle Aufmerksamkeit auf sich zu ziehen. Sie sind niedlich – und man muss sie dauernd im Auge haben, damit sie keinen Blödsinn machen. Ich kenne keinen Hundehalter, dem das nicht passiert, mich selbst eingeschlossen. Es ist fast unmöglich, den Welpen nicht stärker zu beachten als den erwachsenen Hund.

Es ist verdammt schwer, so einen kleinen Kerl wegzuschicken und links liegen zu lassen. Genau das muss man aber können! Und zwar demonstrativ. Es ist wichtig, dass der Ersthund nicht plötzlich die zweite Geige spielt, sondern unangefochten auf Platz 1 bleibt. Dass Sie Ihre Aufmerksamkeit nicht nur gleich verteilen, sondern den Ersthund sogar gegenüber dem Welpen deutlich bevorzugen.

Was? Wie ungerecht! Nein. Versetzen Sie sich mal in die Lage Ihres Ersthundes. Der wird von heute auf morgen mit einer völlig neuen Situation konfrontiert. Nicht nur die Ankunft des Welpen, auch das Verhalten des Menschen ändert sich völlig.

Anders als der Neuzugang hat Ihr Ersthund (hoffentlich) über Jahre eine enge Bindung an Sie aufgebaut. Stellen Sie diese Bindung nicht von Ihrer Seite aus in Frage. Das wäre dem Ersthund gegenüber schrecklich unfair. Über die emotionale Seite hinaus, und selbstverständlich haben Hunde Emotionen und leiden unter Zurückweisung, hat das auch ganz praktische Folgen. Wenn die Bindung nachlässt, wird auch die Erziehung leiden. Der Hund zieht sich in sich zurück und scheint Kommandos plötzlich zu ignorieren. Oder er buhlt verstärkt um Aufmerksamkeit, wird aufgeregt und unruhig. Oder er wendet sich sogar gegen den Neuling – Sie haben sich selbst zur Ressource gemacht, die der Ersthund verteidigen will. Damit belasten Sie die Beziehung Ihrer Hunde untereinander.

Gehen Sie also ganz bewusst mit der Situation um. Zeigen Sie Ihrem Ersthund immer wieder ganz deutlich: Du bist immer noch die Nummer 1! Zum Beispiel, indem Sie den Welpen ganz betont wegschieben, während Sie den alten streicheln. Erlauben Sie es dem Welpen nicht, sich dazwischen zu drängen. Vergessen Sie nicht, den Ersthund jetzt vermehrt zu loben und zu bestätigen, auch für Dinge, die er doch längst kann. Oft muss man mit den Ersthund wieder ein paar Schritte in der Ausbildung zurückgehen, wenn der Neuzugang kommt – das ist ganz normal.

Der Welpe wird nicht darunter leiden, wenn Sie Ihren ersten Hund ab und zu betont vorziehen. Denn er hat ja noch keine Bindung aufgebaut und wächst einfach in die Situation hinein. Natürlich wird sich alles später verschieben und verändern und die Hunde gleichziehen – aber das sollte ganz langsam und nach und nach passieren. Dann kann der Ersthund viel besser akzeptieren, dass er Sie nun teilen muss.

Aber Achtung: Eine starke und verlässliche Bindung ist nicht dasselbe, wie den Hund zum Kronprinzen zu machen und ihm jeden Wunsch von den Augen abzulesen. Wenn Sie sich so einen kleinen »Graf Bobby« herangezogen haben, haben Sie es natürlich besonders schwer, wenn da plötzlich ein Konkurrent ist. Das sollte man sich am besten schon vor der Anschaffung des Zweithundes genau ansehen und die Beziehung gegebenenfalls auf ein anderes Fundament stellen.

Namenstraining mit Handfütterung. Eine einfache Bindungs- und Aufmerksamkeitsübung, die Falk eigentlich nicht mehr nötig hat, aber trotzdem mitmachen darf.

Fallgeschichte Ella und Matse

Die Foxterrier

Ella, die Herzensbrecherin ...

... für Matse manchmal ganz schön anstrengend.

Ella war zwar kein Welpe mehr, als sie zu Sandras Familie und Ersthund Matse kam, aber noch ein extrem unerfahrener acht Monate alter Junghund, ein Züchter-Rückläufer, der es im ersten Zuhause schlecht getroffen und dort absolut nichts gelernt hatte.

Da war sie nun, ein völlig unerzogener, charmanter Wirbelwind, der alles auf den Kopf stellte und dem Ersthund komplett die Show stahl. Alles drehte sich um Ella. Matse kam kaum noch zur Ruhe, wurde ständig von Ella bespielt und bedrängt, er hatte nur noch Stress. Zwischen ihm und Ella kam es nie zu Auseinandersetzungen, im Gegenteil: Ella durfte sich bei Matse alles herausnehmen. Und Matse machte es sich auch noch zur Aufgabe, auf Ella aufzupassen und sie zu verteidigen.

Kein Wunder, dass sich der ganze Frust, der Stress und die Überforderung irgendwo Bahn brechen mussten. Matse wurde »böse« – fing an, auf andere loszugehen, geiferte an der Leine, war für Sandra kaum noch zu händeln. Er war plötzlich ein »Problem«, und der Stress und Frust, der da nun auf einmal zwischen Sandra und Matse entstanden war, machte alles noch schlimmer. Es störte die Beziehung zwischen Sandra und Matse gewaltig. Und für Ellas Grundausbildung und Erziehung blieb kaum noch Energie übrig

Obwohl die beiden Hunde sich mochten und unzertrennlich schienen, waren die beiden Foxterrier ein Fall, in dem ich kurz davor stand, zur Abgabe eines der beiden zu raten. Doch Sandra hat sich durchgebissen.

Klare Regeln, endlich Ruhe und Entspannung für beide Hunde und intensive Beschäftigung mit den Hunden einzeln – und das innere Bekenntnis zu Matse als »mein Hund«, statt ihn als das Problem anzusehen. Inzwischen sind die drei auf einem guten Weg.

Bei Matse und Ella sieht man, wie komplex und vielschichtig die Mehrhundehaltung ist. Die Ursache für Matses Aggressionen gegenüber anderen Hunden scheint auf der Hand zu liegen: Ressourcenverteidigung.

Aber was bringt diese Erkenntnis? Dass Matse Ella als »seine« Hündin ansieht, ist ja an sich nichts Schlimmes. Sandra freut sich sogar, dass er Ella so gut akzeptiert und nicht etwa ablehnt. Dass ein Rüde seine enge Sozialpartnerin als »seine« ansieht, ist genauso wenig falsch, wie wenn sich ein Hund territorial verhält. Es ist normales Hundeverhalten. Abgewöhnen kann man das nicht.

Aber: Wir müssen solche Verhaltensweisen kontrollieren können und auch dem Hund die Möglichkeit geben, zu lernen, damit umzugehen, ohne jedes Mal völlig in Stress und Aufregung zu verfallen.

Denn das Problem ist, dass es nun mal nicht geht, dass Matse seinen Anspruch derart auslebt. Er soll nicht an der Leine toben – er soll die Nähe anderer Hunde dulden. Auch, wenn Ella dabei ist. Im Klartext heißt das: Er soll sich beherrschen und auf Frauchen hören. Es ist nicht sein Job, Ella vor anderen zu beschützen. Das macht Frauchen. Und Matse hat eben nicht das Privileg, andere Hunde zu vertreiben. Er muss die Beschränkung durch Sandra akzeptieren lernen.

Ella muss Abstand halten – jetzt ist Matse dran.

Und hier wird es erst interessant. Matse hatte auch als Einzelhund (noch) nicht gelernt, Frauchen die Beschützerrolle zu überlassen, und Sandra hatte ihm noch nicht klar gemacht, dass sie diejenige ist, die Privilegien verteilt oder entzieht. Nur, weil diese Mängel an der Erziehungsbasis bisher nicht zum Tragen kamen, heißt das ja noch lange nicht, dass sie nicht da waren. Ella hat es ans Licht gebracht. Der nächste Schritt musste also erst mal sein, Regeln zu erarbeiten und deren Einhaltung auch durchzusetzen, damit Matse Sandras Führungsanspruch akzeptieren kann. Und eine solche Arbeit erfordert auch vom Hund viel Konzentration und Selbstbeherrschung. Was ein dauernd gestresster Terrier, der nie zur Ruhe kommt, natürlich nicht hat.

Und da schließt sich der Kreis. Egal, wie sehr Matse Ella mag: Er muss auch mal seine Ruhe vor ihr haben und er braucht intensive Ansprache durch Sandra.

Daher, wie meistens, wenn ich um Hilfe gerufen werde, weil im Mehrhundehaushalt das Chaos ausgebrochen ist, waren es auch hier die Erstmaßnahmen: klare Regeln im Haus, damit die Hunde zur Ruhe kommen, und einzeln mit den beiden Hunden trainieren.

Sandra, Matse und Ella – ein Team zu dritt. Dieses Bild ist typisch: Eigentlich ist Matse, der »Problemhund«, der wesentlich aufmerksamere und stärker auf Sandra bezogene Hund.

Ebenso schwierig, wie den Ersthund nicht plötzlich in den Hintergrund zu schieben und alleine zu lassen, ist es, den Welpen als das zu sehen, was er ist: nämlich ein Welpe, der noch ganz am Anfang steht. Denn wenn man seinen Ersthund einigermaßen gut erzogen hat, nimmt man Dinge als selbstverständlich hin, die es absolut nicht sind.

Der Welpe kennt weder seinen Namen, noch irgendein Kommando. Man hat sich daran gewöhnt, den Hund anzusprechen und eine Reaktion zu bekommen, ein Team zu sein – und meist völlig vergessen, wie lange es gedauert hat und wie schwierig es war, bis der Hund auch unter Ablenkung ansprechbar war, auf den Rückruf gehört hat, ordentlich an der Leine lief, nicht mehr zu jedem anderen Hund wollte. Es ist schwierig, keine zu hohen Erwartungen an den Junghund zu haben, wenn man mit dem ersten ein eingespieltes Team ist. Wissen Sie wirklich noch, wie nervig und anstrengend Ihr erster Hund als Welpe und Junghund war? Werden Sie nicht ungerecht und ungeduldig, weil der junge Hund eben noch ganz am Anfang steht. Klar, wenn man bewusst etwas übt, denkt man auch daran. Es sind die kleinen alltäglichen Selbstverständlichkeiten, die eben mit einem Welpen noch keine sind. Mal ein paar hundert Meter locker an der Leine gehen, stehen bleiben, um sich zu unterhalten, anderen Hunden zu begegnen, an Joggern oder Fahrrädern vorbeilaufen – all das sind beim Welpen Trainingssituationen, die Ihre Aufmerksamkeit erfordern.

Es ist sehr schwierig, sich immer wieder daran zu erinnern, Erwartungen und Ansprüche anzupassen. Auch daher wieder: Erleben Sie auch Alltagssituationen einzeln mit Ihren Hunden, damit Sie sich ganz auf den Nachwuchshund einstellen können – aber auch, damit Ihr

Ersthund nicht ständig ins Junghundechaos mit hineingezogen wird.

Ihr Ersthund ist hoffentlich weitaus feiner und besser auf Sie eingestellt als der Welpe. Es kann ziemlich anstrengend für ihn sein, wenn er der zwangsläufigen Unruhe, die ein Junghund ins Team bringt, dauernd ausgesetzt ist. Vor allem, wenn er eher sensibel ist und Korrekturen auf sich bezieht. Wundern Sie sich nicht, wenn der Ersthund auch mal auf Distanz geht oder auf Durchzug schaltet – und vergessen Sie nicht, ihn zu loben und ihm zu zeigen, wie sehr Sie es schätzen, was er schon alles – ganz selbstverständlich – kann.

Dakota ist jung und ungestüm. Damit muss ich mich auseinandersetzen – während Falk einfach nur ruhig danebenstehen soll. Solche Situationen sind auch für Falk anstrengend!

JUNGHUND + WELPE

Das halten viele für eine gute Idee. Gerade, wenn man einen unkomplizierten Hund erwischt hat, der als Welpe und Junghund wenig Probleme macht, immer schön hinterherläuft und sich mit jedem Hund bestens versteht.

Jungtiere sind immer verspielt und lebhaft. Für die meisten jungen Hunde vor der Pubertät ist es normal, großes Interesse an anderen Hunden zu zeigen. Daraus schließen viele Hundehalter, dass der Jungspund unbedingt einen Spielkumpanen braucht. Gerade Ersthundehalter sehen die Veränderungen, die das Erwachsenwerden mit sich bringt, nicht kommen. Irgendwann ist Spielen nicht mehr das wichtigste für den Hund, er entdeckt seine Umwelt, Triebe und Veranlagungen erwachen. Während der Pubertät zeigen sich Wach-

und Schutztrieb und auch der Jagdtrieb erst deutlich. Der Hund wird selbstständiger, trifft eigene Entscheidungen und probiert sich aus. Gleichzeitig fehlt es meist noch an Impulskontrolle und auch mit Frust umzugehen, muss der Hund erst lernen.

Das alles stellt den Halter vor einige Herausforderungen. Man muss sich völlig umstellen und erst mal damit klarkommen, dass Amy oder Lucky auf einmal Verhaltensweisen an den Tag legen, mit denen man überhaupt nicht gerechnet hat. Viele Ersthundehalter freuen sich über ihren super erzogenen 10 Monate alten Hund – und bekommen graue Haare, wenn der Hund eineinhalb ist.

Ein heranwachsender Hund ist schon eine ordentliche Handvoll und braucht viel Geduld, Einfühlungsvermögen und Zeit. Das ganze doppelt ist schlicht keine gute Idee. Gleichzeitig zwei Welpen anzuschaffen, oder einen zweiten Welpen, bevor der Ersthund erwachsen ist, ist in meinen Augen das denkbar ungünstigste Szenario.

Warum nicht einfach gleich zwei Welpen oder gar Wurfgeschwister nehmen? So können die Hunde zusammen heranwachsen. Das ist eine Konstellation, auf die ich gar nicht näher eingehen möchte – ich kann davon nur abraten!

Wenn Hunde so eng aufeinander bezogen aufwachsen, ist es sehr schwierig, sich in die Beziehung der Hunde überhaupt einzumischen. Das macht es enorm viel schwieriger, eine enge Bindung zu den Hunden – zu jedem einzelnen – aufzubauen.

Die Hunde werden sich meist später schwer tun, mit fremden Hunden umzugehen. Vor allem, wenn ihnen solche Kontakte verwehrt bleiben (denn man braucht ja keine fremden Hunde, der Spielkamerad ist ja da). Sie agieren im Doppelpack und lernen nicht, einzeln souverän mit Hundekontakten umzugehen.

Dadurch geht aber auch die Chance verloren, von erwachsenen Hunden zu lernen. Sinnvolles voneinander lernen können zwei Welpen aber nicht viel, werden sich allerdings in vielen Verhaltensweisen gegenseitig verstärken.

Dabei ist die Vorstellung, dass sich Wurfgeschwister ihr Leben lang besonders gut vertragen, obendrein ein Trugschluss. Dafür gibt es keine Garantie, es kann sich auch anders entwickeln.

Und so niedlich und romantisch es klingt – »natürlich« ist es doch eigentlich auch nicht. Bei sozialen Lebewesen gehen Verwandte in aller Regel als Erwachsene getrennte Wege. Oder möchten Sie gerne Ihr ganzes Leben mit Ihren Geschwistern zusammenwohnen?

Wenn man – warum auch immer – unbedingt zwei Welpen oder Junghunde gleichzeitig aufnehmen möchte, dann darf man weder Zeit noch Mühe scheuen, beide einzeln zu sozialisieren und zu erziehen. Am besten kann diese Konstellation funktionieren, wenn beide Hunde eine eigene feste Bezugsperson haben.

Wurfgeschwister – da passt kein Grashalm dazwischen.

Der erwachsene Zweithund

Ein erwachsener Zweithund ist natürlich reifer als ein Welpe, und das hat viele Vorteile. Aber er bringt auch seine eigene Vorgeschichte mit – eine Vorgeschichte, die man oft nicht kennt. Bei Hunden, die privat abgegeben werden oder aus dem Tierschutz kommen, muss man einfach damit rechnen, dass das eine oder andere Problem auftaucht. Die Zeit und Energie dafür muss man bereit sein, aufzubringen – ohne, dass es zu sehr auf Kosten des Ersthundes geht.

Der große Vorteil eines erwachsenen Zweithundes ist, dass man ihn kennenlernen kann, bevor man ihn aufnimmt, sich ein Bild von seiner Persönlichkeit machen kann. Diesen Vorteil sollte man natürlich auch nutzen. Lernen Sie den potentiellen Neuzugang kennen, wenn möglich mehrmals. Zuerst einzeln, dann auch mit Ihrem Ersthund zusammen. Es ist absolut sinnvoll, eine Probezeit zu vereinbaren – und die Möglichkeit der Rückgabe dann auch zu nutzen, wenn es sein muss. Zum Beispiel, weil der Ersthund mit dem Neuen nicht klarkommt oder weil man selbst überfordert ist. Das fällt natürlich schwer. Aber hier sollte man die Bedürfnisse des Ersthundes nicht aus den Augen verlieren.

Die meisten Hunde akzeptieren einen Welpen. Vielleicht nicht sofort, vielleicht nicht mit Begeisterung. Aber der Entwicklungsvorsprung des erwachsenen Hundes ist groß genug, sodass die Konstellation der Hunde untereinander zunächst klar ist. Ich spreche ungern von Rangfolge oder Rangordnung, weil damit immer die Vorstellung verbunden wird, es ginge um ein Machtspiel unter den Hunden. Dabei geht es eher um die Frage, wer souveräner und erfahrener ist. Ein Welpe wird sich so gut wie immer zunächst einmal am älteren Hund orientieren, genauso wie er sich zunächst einmal am Menschen orientiert, ohne viel zu hinterfragen. Es wird kaum problematische Konflikte geben. Auch, wenn sich die Beziehung unter den Hunden mit der Zeit verändert, ist es ein Prozess, den man von Anfang an begleiten und steuern kann.

Wenn man zwei erwachsene Hunde zusammenbringt, ist das natürlich anders. Und es wird nicht einfacher dadurch, dass man aus dem Verhalten beim gemeinsamen Spaziergang nur wenig Rückschlüsse auf ein Zusammenleben ziehen kann. Es lässt sich allenfalls eine Tendenz erkennen. Und auch, wenn sich zu Hause anfänglich alles harmonisch zeigt: Schauen Sie in den ersten Monaten genau hin. Der Neuzugang wird erst nach sechs bis acht Wochen auftauen und sozusagen sein wahres Gesicht zeigen. Ebenso kann sich Frust oder Überforderung beim Ersthund mit der Zeit aufbauen. Nutzen Sie also die ersten Wochen, um die Regeln des häuslichen Zusammenlebens ganz klar aufzustellen. So findet sich der Neuling viel einfacher zurecht und Sie können weitaus besser regelnd eingreifen, wenn es nötig werden sollte.

Ebenso wie beim Welpen gilt auch hier: Stärken Sie den Ersthund, achten Sie seine älteren Rechte und schieben Sie ihn nicht in eine Nebenrolle ab. Damit würden Sie unnötig Konflikte schüren und Ihren Ersthund verunsichern. Der hat ohnehin schon genug Neues, das er verarbeiten und akzeptieren muss. Es schadet dem Neuzugang nicht, wenn er erst mal die zweite Geige spielt und sich an die neuen Gegebenheiten anpassen muss. Je selbstverständlicher Sie das einfach erwarten, umso leichter wird es ihm fallen. Sich anzupassen, ist für einen Hund keine Schikane, im Gegenteil. Hunde suchen nach klaren Strukturen, die ihnen Sicherheit geben.

Und wieder (immer wieder das Gleiche!) gilt: Je klarer das Zusammenleben mit Ihrem Ersthund schon vor dem Einzug des zweiten strukturiert ist, umso besser! Wenn Ihr Ersthund Vertrauen hat, seine Rolle im Familienverband kennt, Ihnen bereitwillig folgt, sich sicher fühlt und sich auf Sie verlassen kann, wird er sich auch in der neuen Situation zurechtfinden, und er wird diese Sicherheit an den Neuen weitergeben. Wenn aber schon zwischen Ihnen und dem Ersthund vieles unklar ist, wird auch der Neue mit dieser Unklarheit und Unsicherheit konfrontiert und es viel schwerer haben, sich zurechtzufinden.

Wenn Sie einen Hund aus dem Tierschutz, besonders aus dem Ausland, aufnehmen, sollten Sie sich darüber im Klaren sein, dass solche Hunde einfach anders aufgewachsen sind und viel Zeit und Aufmerksamkeit brauchen, sich im neuen Leben zurechtzufinden. Man wird es häufig mit Angstproblematiken zu tun bekommen. Wenn Ihr erster Hund bereits ängstlich und unsicher ist, ergibt das keine gute Konstellation. Zwei ängstliche Hunde bestätigen sich in ihrer Unsicherheit. Ein Hund, der in seinem Leben lernen musste, sich auf der Straße oder im überbelegten Gruppenzwinger zu behaupten, wird das natürlich auch in der neuen Umgebung tun. Es ist völlig selbstverständlich, dass solche Hunde dazu neigen, Ressourcen scharf zu verteidigen. Konflikte, vor allem um Futter, aber auch um bevorzugte Liegeplätze, Spielzeug usw. gilt es also direkt von Anfang an unbedingt zu vermeiden.

Ein Welpe wird die Zurechtweisung eines älteren Hundes akzeptieren. Ein erwachsener Hund wird das nicht unbedingt tun, und Sie sollten Ihren Ersthund auch nicht in so eine Auseinandersetzung hineinzwingen oder sich darauf verlassen, dass die Hunde Konflikte schon unter sich regeln werden. Die beiden Hunde kennen sich ja noch nicht, wissen nicht, dass sie zum gleichen Sozialverband gehören. Wenn Sie anfänglich Konflikte zulassen, würde der überlegene Hund erwarten, dass der andere künftig respektvoll Distanz einhält, was in einem gemeinsamen Haushalt nicht möglich ist – weitere Konflikte und Spannungen sind vorprogrammiert. So können Antipathien zwischen den Hunden entstehen, die sich nicht wieder ausbügeln lassen.

Schauen Sie genau hin, lernen Sie den neuen Hund kennen, beobachten Sie, wie sich das Verhalten des Ersthundes entwickelt. Arbeiten Sie daran, dass beide Hunde sich von Ihnen kontrollieren und auch mal einschränken lassen, besonders, wenn es um Futter oder andere Ressourcen geht. Lassen Sie keine ernsthaften Streitereien zu. Die meisten Hunde arrangieren sich und nicht jede kleine Auseinandersetzung ist eine Katastrophe, wenn sich die Hunde erst einmal kennen und grundsätzlich akzeptieren, können Sie viel lockerer mit kleinen Auseinandersetzungen unter den Hunden umgehen – aber die Anfangsphase, die ersten Monate, ist eine sensible Zeit.

Leider erlebe ich es in der Praxis oft umgekehrt. Viele Hundehalter greifen erst ein, wenn sich Probleme schon manifestiert haben. Und dann kann es unter Umständen zu spät und die Abgabe eines der Hunde die einzige vernünftige Lösung sein. Darüber muss man sich unbedingt im Klaren sein.

Eine Bezugsperson – oder mehrere?

Bisher ging es bei der Frage nach günstigen und ungünstigen Konstellationen um die Hunde – dabei sind ein wichtiger, wenn nicht gar der entscheidende Teil, die Menschen. Wenn ich zum Hausbesuch gerufen werde, um zu beraten, ist eine meiner ersten Fragen immer: Wem gehört der Hund? Wer trägt die Verantwortung? An wem orientiert sich der Hund? Wer verbringt die meiste Zeit mit ihm? Dabei geht es nicht darum, wer den Hund ursprünglich haben wollte oder wer mit ihm in die Hundeschule geht – sondern wer tatsächlich, im Alltag, die Bezugsperson ist. Das stimmt nicht immer überein.

Wenn mehrere Hunde im Haushalt leben, ist diese Frage noch wichtiger. Gehören beide Hunde zu einer Person – oder haben mehrere Familienmitglieder jeweils einen eigenen Hund? Meine Hunde sind z.B. ganz klar meine Hunde. Sie hören auf mich, sie werden von mir versorgt, meine Frau und die Kinder tragen keine Verantwortung für die Hunde. Natürlich haben wir uns gemeinsam vorher intensiv Gedanken gemacht und die Anschaffung zusammen beschlossen. Es ist wichtig, dass alle miteinander auskommen und sich an die gleichen Regeln halten. Aber darüber hinaus ist alles, was die Hunde betrifft, mein Problem. So ist auch für die Hunde vollkommen klar, an wem sie sich orientieren können und sollen. Klare Verhältnisse. Anders sieht es aus, wenn die Hunde zwar in derselben Familie leben, aber nicht derselben Person gehören. Oder: allen und niemandem gehören. In meiner Erfahrung ergibt sich schon aus »Wir haben einen Hund!« öfter mal ein Problem. Und erst recht aus: »Wir haben zwei Hunde!« Ganz unbewusst wird Verantwortung hin und

her geschoben, jeder »pfuscht« dem anderen ins Handwerk, und unterschwellige (oder offene) Meinungsverschiedenheiten zwischen den Menschen führen zu unklaren Verhältnissen für die Hunde.

2 HUNDE – 1 MENSCH

Das ist auf den ersten Blick die einfachere, weil klarere, Konstellation. Sie stellt aber auch große Ansprüche an den Halter. Wenn man alleine zwei Hunde führen will, muss man für beide die Hauptbezugsperson sein, beiden Aufmerksamkeit entgegenbringen, beiden gerecht werden. Es geht weniger darum, »gerecht« im menschlichen Sinne zu sein. Sondern vielmehr darum, zu erkennen, was der jeweilige Hund braucht. Den zurückhaltenderen hervorzulocken, den aufdringlicheren etwas zu bremsen, die Anforderungen an Alter, Ausbildungsstand und Veranlagung anzupassen. Bei all dem darf man selbst nicht zur Ressource werden, um die die Hunde konkurrieren.

Wenn sich beide Hunde einen Menschen »teilen« sollen, muss man daher besonders darauf achten, wie die Hunde untereinander agieren, damit es nicht zu Problemen kommt. Man muss zu jedem Hund eine Beziehung aufbauen, und nicht den zweiten (oder den einfacheren oder den langweiligeren) einfach so mitlaufen lassen. Denn meiner Meinung nach ist das wichtigste: Die Hunde sollten beide, unabhängig voneinander, eine starke Bindung zu ihrem Menschen haben. Das ist gar nicht so selbstverständlich! Oft steht ein Hund deutlich im Vordergrund. Oder die Beziehung unter den Hunden ist so stark, dass der Mensch kaum noch eine Rolle spielt.

Fallgeschichte Emma und Holmes

Zuerst war da Emma. Ein Bobtail-Schnauzer-Mix, der als Welpe zu Doro und Christoph kam. Eine ruhige, eher schüchterne Hündin, die eine enge Bindung an Doro aufbaute. Zwei Jahre später kam Holmes dazu, eine Privatabgabe, 14 Monate alt, ein interessanter Mix aus Appenzeller, Kuvasz und Australian Shepherd – »Alles, was auf dem Hof dort halt herumlief«, wie Christoph es beschreibt. Und auf dem Hof herumlaufen war auch alles, was Holmes bisher kannte. Leine? Spazierengehen? Benehmen in der Wohnung? Komplette Fehlanzeige. Also kein einfacher Hund. Ein Energiebündel mit Jagdtrieb und enorm wachsam, ohne Selbstkontrolle, ohne Manieren. Aber mit einer riesengroßen Begeisterung für Artgenossen, zu denen er unbedingt und immer hinzog. Holmes ist eigentlich ein Bilderbuch-TutNix, der aber aus Frust über die Begrenzung durch die Leine ein Riesentheater veranstaltete.

Holmes, der Unruhestifter

Dass Holmes alles auf den Kopf stellte, war klar. Er stand im Mittelpunkt – und er brachte Unruhe rein: in die Wohnung, weil er alles bewachte, herumtigerte, Chaos veranstaltete, Emma ärgerte. In die Spaziergänge, weil er alles anbellte, an der Leine zog. Es gab Diskussionen und Meinungsverschiedenheiten zwischen Doro und Christoph, wie mit dem Hund umzugehen sei. Es gab Zurechtweisungen, Ermahnungen, laute Worte. Holmes wurde dadurch natürlich nicht ruhiger – aber Emma. Die zog sich zurück, wurde immer schüchterner und ängstlicher. Beide Hunde reagierten auf ihre Art auf den Stress.

Meine erste Maßnahme war: Die Hunde klar zuzuordnen. Doro war Emmas Hund, hing an ihr, hatte Doro geholfen, eine persönlich schwierige Zeit zu überstehen – also keine Frage. Auch wenn Doro die eigentlich hundeerfahrenere und auch konsequentere Halterin war: Holmes sollte künftig zu Christoph gehören.

Emma, Holmes, Doro und Christoph – heute ein Team zu viert, oder besser: Zwei Mensch-Hund-Teams, die zusammengehören.

Diese Struktur bedeutet für die Menschen, ganz klar Verantwortung zu übernehmen. Christoph hat die Verantwortung für Holmes und sein Training übernommen. Und selbst wenn Doro ihn zu inkonsequent findet, sie muss sich darüber nicht aufregen – »Es ist ja nicht mein Hund!« So konnte Doro ihrer Emma wieder die Zuwendung geben, die sie braucht, und ihr Selbstvertrauen stärken. Beide Hunde bekommen mindestens einmal am Tag die ungeteilte Aufmerksamkeit ihres Menschen, manchmal alleine, manchmal bei Spaziergängen und Unternehmungen zu viert. Die Menschen stehen sich nicht gegenseitig im Weg, sondern unterstützen einander. Und ebenso die Hunde. Der unerfahrene Holmes konnte von einer selbstsicheren Emma viel mehr lernen, als von

einem eingeschüchterten, unsicheren Hund, der nicht weiß, wie ihm geschieht. So profitiert auch die Beziehung der Hunde von der klaren Zuweisung der Bezugspersonen.

Klare Strukturen gab es natürlich auch im Alltag. Die Hunde bekamen klare Plätze zugewiesen. Häusliche Regeln ließen Holmes ruhiger werden und aufhören, nervös durch die Wohnung zu wandern.

Natürlich sind Emma und Holmes immer noch »unsere Hunde« für Doro und Christoph. Jeder betreut den Hund des anderen auch mal, nimmt ihn mit zum Spaziergang, aber jeder Hund hat eine klare Bezugsperson. Und das ist entscheidend.

Die sanfte Emma

Bei Holmes und Christoph darf es auch mal kerniger zugehen – wildes Spiel ist die größte Belohnung für Holmes. Und Christoph trägt es mit Humor, wenn sich der Hund daneben benimmt.

2 HUNDE – 2 MENSCHEN

Diese Konstellation kann ganz hervorragend klappen – aber auch gründlich schiefgehen. Sie erfordert klare Absprachen, an die sich die Menschen halten müssen. Wem gehört welcher Hund? Wenn das entschieden ist, steht zuerst einmal die Beziehung jedes Menschen zu seinem Hund an erster Stelle – wie beim Einzelhund. Natürlich bauen alle Familienmitglieder – Menschen und Hunde – auch untereinander eine Beziehung auf und beide Hunde sollten im Alltag von beiden Besitzern führbar sein – aber die Verantwortung sollte klar zugeordnet werden.

Wenn ich zu Familien oder Paaren mit mehreren Hunden gerufen werde, sind es meist »unsere Hunde« solange es gut läuft – und wenn es Probleme gibt, ist es auf einmal »Dein Hund!«. In solchen Fällen versuche ich im Gespräch und durch Beobachtungen herauszufinden, wer zu welchem Hund passt, und Hunde und Menschen einander zuzuordnen. Die so gebildeten Teams sollen dann erst mal miteinander lernen und arbeiten, Hund und Mensch, 1 zu 1, eine Beziehung aufbauen. So kann sich jeder ganz auf seinen Hund konzentrieren.

Die neue klare Struktur führt meist schnell dazu, dass sich auch Probleme im Alltag und unter den Hunden entspannen.

Hand aufs Herz: Wenn es Reibereien und Probleme wegen der Hunde gibt, sollte man ehrlich zu sich sein und den Umgang der Menschen miteinander mal genauer anschauen. Unterschwellige Konflikte verursachen auch den Hunden Stress! Vielleicht zeigen die Vierbeiner also nur an, dass bei den Zweibeinern etwas im Argen liegt.

Hunde spiegeln uns – und sie zeigen uns eben auch Dinge, denen wir vielleicht nicht ins Auge schauen wollen. So wie im Fallbeispiel von Karlo und Anoki – da geht es mindestens so sehr um die Beziehung zwischen Mutter und Tochter wie um die der Hunde.

Jedem Hund sein Herrchen bzw. Frauchen.

Bindung

Die sechs Bausteine in der Praxis

OB EIN HUND ODER ZWEI – MEIN ERZIE-HUNGSKONZEPT BESTEHT AUS SECHS BAUSTEINEN, DIE ALLE ZUSAMMEN DIE BASIS EINER GUTEN BEZIEHUNG UND ERZIEHUNG BILDEN. DIESE SECHS BAUSTEINE MÖCHTE ICH IM FOLGENDEN EINZELN UNTER DIE LUPE NEHMEN. WAS VERÄNDERT SICH, WAS WIRD BESONDERS WICHTIG BEI DER HALTUNG VON ZWEI HUNDEN?

BINDUNG

Für mich ist das Entscheidende an der Beziehung zwischen Hund und Mensch eine starke Bindung. Ein Gefühl der Zusammengehörigkeit, des gegenseitigen Vertrauens, der Sicherheit.

Der Hund unterscheidet sich von allen anderen domestizierten Tieren dadurch, dass er bereit ist, eine sehr starke Bindung über die Artgrenzen hinweg aufzubauen. Für den Hund kann der Mensch tatsächlich der wichtigste Sozialpartner sein, wichtiger als Artgenossen. Bei allem Interesse an anderen Hunden überwiegt für die meisten das Bedürfnis, bei ihrem Menschen zu sein.

Bindung ist etwas Individuelles, nicht wirklich Messbares. Manche Hunde schließen sich sehr eng an den Menschen an – sowohl aus ihrer Persönlichkeit heraus als auch rassebedingt. Sie wollen eng zusammenarbeiten und dem Menschen gefallen.

Andere Hunde handeln selbstständiger, sind dazu in der Lage und auch darauf hin gezüchtet, keine so enge Verbindung einzugehen. Sie entfernen sich weiter, handeln eigenständiger, entscheiden selbstständiger – trotzdem können sie eine genauso vertrauensvolle Bindung eingehen, sich genauso auf den Menschen einlassen. Man muss nur mehr dafür tun, und es ist weniger offensichtlich.

Bindung ist daher nicht einfach zu beurteilen. Ein sehr eigenständiger Hund kann durchaus eigene Wege gehen und wieder kommen oder sich über sehr weite Strecken entfernen, ohne dass das mit einer schlechten Bindung gleichzusetzen ist. Ein sehr unsicherer Hund, der dem Menschen an der Ferse hängt, hat noch lange keine gute Bindung.

Auch Menschen sind unterschiedlich. Für den einen ist ein anhänglicher, ständig aufmerksamer Hund lästig und anstrengend, für den anderen ist es schwierig, mit einem unabhängigen Freigeist umzugehen.

Man kann stundenlang darüber diskutieren, was eine »gute« Bindung ist. Es ist schwierig, den Begriff exakt zu definieren. Jeder Hund ist anders – und jede Lebensgeschichte ist anders. Wenn sich ein alter Tierschutzhund dem Menschen öffnet und noch einmal Vertrauen lernt, ist das etwas ganz anderes, als wenn man selbst einen Welpen aufzieht. Bei ersterem ist es vielleicht ein Zeichen einer tiefen Bindung, wenn er nur die Nähe des Menschen sucht – während der Welpe vielleicht ständig an Frauchen klebt, aber noch keine echte Bindung aufgebaut hat.

Letztendlich muss es jeder für sich selbst fühlen. Auch das ist eine der schönen Seiten der Mehrhundehaltung: Diese Unterschiede kennen und fühlen zu lernen. Gute Bindung ist nicht dasselbe wie guter Gehorsam.

Ein Hund, dem man gar keine Kommandos beigebracht hat, kann eine enge und gute Bindung an seinen Menschen haben. Ebenso kann ein Hund sehr gehorsam sein, aber trotzdem keine gute Bindung in dem Sinne, in dem ich den Begriff verstehe, an seinen Halter haben.

Ein Hund, der aus Angst gehorcht, und sei es noch so zackig, hat keine positive, starke Bindung – sondern lebt in einer ungesunden Abhängigkeit. Man kann sogar ganz positiv und nur über Belohnung dem Hund alle möglichen komplizierten Abläufe beibringen, ohne jemals echte Bindung aufzubauen. Umgekehrt kann die Bindung durchaus gut sein, der Gehorsam aber nicht – einfach, weil nicht klar kommuniziert und konsequent gehandelt wird.

Ein positiv aufgebauter guter Gehorsam kann aber die Bindung durchaus fördern. Denn für einen gehorsamen Hund ist eine gute Kommunikation, Konsequenz und Freude am gemeinsamen Tun nötig. Und das stärkt die Bindung. Wenn Mensch und Hund positiv und mit Freude miteinander interagieren, stärkt das auf jeden Fall die Bindung.

Wenn man mehrere Hunde hält, verändert sich das natürlich ein wenig. Schließlich findet die Interaktion nun nicht mehr vorrangig zwischen Mensch und Hund statt, sondern genauso zwischen den beiden Hunden.

Wenn mehrere Hunde in einem Verband leben, werden sie natürlich auch untereinander eine Bindung aufbauen – und das ist gut und wichtig! Trotzdem bedeutet es auch, dass die starke Beziehung unter den Hunden es für den Menschen erschweren kann, die Hunde an sich zu binden. Der Mensch kann schnell weniger wichtig werden, als der hündische Sozialpartner. Und das liegt nur zu einem kleinen Teil daran, dass der Mensch den Hunden nicht mehr so wichtig ist. Es liegt vor allem am veränderten Umgang mit den Hunden.

Wenn ein zweiter Hund dazukommt, insbesondere ein Welpe, wird dieser sich zunächst natürlich am Althund orientieren. Wäre der

Aufmerksamkeit

Welpe ein Einzelhund, würde sich der Besitzer intensiv mit ihm beschäftigen. Als Zweithund überlässt man das oft dem Althund und nutzt die Phase weniger, um eine starke Bindung aufzubauen.

Wenn man einen Welpen zu einem souveränen älteren Hund dazuholt, wird dieser beim Zusammentreffen mit fremden Hunden auf den Welpen aufpassen. Der Welpe lernt so, beim Althund Schutz zu suchen. Eigentlich kein Problem. Nur: Sicherheit ist der stärkste Grundstein für eine starke Bindung überhaupt. Es sollte vor allem der Mensch sein, der dem jungen Hund zeigt: »Bei mir bist Du sicher!«

Andererseits erlebt der Althund ein plötzliches Nachlassen des Menschen. Herrchen oder Frauchen ist fasziniert vom Neuzugang. Den Althund aber nimmt man als selbstverständlich hin. Der Mensch lockert die Bindung von seiner Seite aus.

Man kann selbstverständlich zu mehreren Hunden eine starke, unabhängige Bindung aufbauen, und das sollte das Ziel sein. Und wie macht man das? Vor allem, in dem man einen offenen Blick auf beide Hunde behält, sie in ihrer Individualität wahrnimmt und entsprechend ihres Alters und ihrer Begabungen fördert. Ganz praktisch muss man mit beiden Hunden einzeln Zeit verbringen, arbeiten, trainieren, die Welt erleben. Nur so kann man den »1. Platz« einnehmen, bei beiden Hunden.

2 HUNDE – ZWEI BESITZER

Einfacher hat man es natürlich, wenn jeder Hund seine eigene Bezugsperson im Familienverband hat. Dann wird er zu dieser auch die stärkere Bindung aufbauen. Wenn die Bezugsperson auch wirklich die Bezugsperson ist und sich nicht eigentlich jemand anderes hauptsächlich um den Hund kümmert.

KONSEQUENZ

Hunde wollen Klarheit. Sie sind meist sehr gerne bereit, Regeln zu beachten, aber nur, wenn diese Regeln glasklar und verständlich sind. Gibt es Lücken, werden diese ausgenutzt, je nach Hundetyp mehr oder weniger. Das muss nicht einmal bedeuten, dass der Hund gegen den Willen seines Menschen handeln will (weil er, wie es immer gerne heißt, angeblich »dominant« ist). Meist weiß der Hund einfach gar nicht, was genau von ihm erwartet wird und tut einfach das, was ihm gerade in den Sinn kommt oder seinen momentanen Interessen entspricht. Einem Hasen hinterherzujagen, den Mülleimer auszuräumen oder den Nachbarshund zum Spiel aufzufordern, ist kein dominantes Verhalten. Es ist einfach

Hundeverhalten. Dass der Hund sich anders verhalten soll, muss man ihm eben beibringen. Konsequent sein bedeutet absolut nicht, den Hund zu bestrafen, wenn er »nicht spurt« – es bedeutet, zu wissen, was man will und einen Plan zu haben, wie man das Ziel erreichen kann. Es bedeutet auch, fair zu sein – das zu fordern, was der Hund auch tatsächlich leisten kann. Und auch nicht mehr vom Hund zu fordern, als man selbst leisten kann.

Und genau da liegt das Problem. Um konsequent zu sein, muss man selbst aufmerksam sein, richtig und prompt reagieren – das ist

Zwei Hunde erfordern erheblich mehr Aufmerksamkeit vom Halter, wenn man wirklich konsequent sein will.

Konsequenz

mit zwei Hunden natürlich schwieriger als mit einem. Konzentriert man sich auf den einen, macht der andere Schabernack. Korrigiert man den einen, fühlt sich womöglich der andere angesprochen. Und wenn man gerade mit dem einen beschäftigt ist, lässt man dem anderen in dem Moment vieles unbemerkt durchgehen. Die Veranlagung und der Ausbildungsstand der Hunde wird sich ebenfalls unterscheiden, und man muss sehr genau darauf achten, dass man fair bleibt und nicht von beiden dasselbe fordert, sondern sich den Fähigkeiten des jeweiligen Hundes anpasst. Selbst wenn man regelmäßig mit den Hunden einzeln arbeitet, bleibt die Situation mit zwei Hunden daher schwierig. Das sollte man natürlich nicht den Hunden übel nehmen.

Ein weiterer »Konsequenz-Killer« schleicht sich schnell ein, wenn man zwei Hunde hat: Die Bequemlichkeit. Statt Probleme zu erkennen, als Herausforderungen anzunehmen und bewusst abzuarbeiten, greift man noch schneller zu Vermeidungsstrategien und geht dem Problem aus dem Weg. Mit einem Hund, der an der Leine tobt, weil er unbedingt zu einem Artgenossen hin will, übt man noch bewusst das ruhige Vorbeigehen. Mit zweien wird eher mal ein Umweg gemacht, weil es einem einfach zu viel wird. Wo man einen Hund noch überall mit hinnimmt, um gutes Benehmen zu üben, lässt man zwei dann lieber schnell im Auto ..., weil es jetzt gerade zu stressig wird.

Man sagt einfach öfter: »Ach, macht doch nix« oder »Das muss ja jetzt nicht sein!« So werden aber aus kleinen Alltagshürden schnell große Probleme. Denn Konsequenz bedeutet eben auch, für den Ernstfall und auch in schwierigen Situationen zu trainieren und zu üben, und nicht, solche Situationen einfach zu vermeiden.

Ein abwechslungsreicher Alltag gehört für mich zur Hundeerziehung dazu – und an Unsicherheit oder mangelnder Impulskontrolle zu arbeiten, auch. Mit zwei Hunden noch mehr, als mit einem. Denn zwei Hunde verstärken sich auch noch gegenseitig und so eskalieren Probleme noch schneller.

AUFMERKSAMKEIT

Um einen Hund zu erziehen, muss ich erst mal dafür sorgen, dass er aufmerksam auf mich achtet. Diese Aufmerksamkeit erarbeitet man sich zunächst einmal ohne Ablenkung, um die Ablenkung dann immer weiter zu steigern. Hat man zwei Hunde, hat man natürlich permanente Ablenkung! Auch hier wieder: Der Grundstein muss in der Arbeit mit dem einzelnen Hund gelegt werden, damit man zunächst einmal die ungeteilte Aufmerksamkeit hat, und immer wieder aufgefrischt werden.

Auch der Mensch ist mit zwei Hunden natürlich nicht zu 100 Prozent bei jedem Hund. Wer sich einen Junghund dazuholt, wird meist sogar zu 80 Prozent mit seiner Aufmerksamkeit beim Nachwuchs sein – und prompt wird die Aufmerksamkeit des Althundes nachlassen.

Hunde haben, je nach Typ und Veranlagung, ganz unterschiedlich starke Bereitschaft und Fähigkeit, konzentriert und aufmerksam zu sein. Wer mit Hütehunden zu arbeiten gewohnt ist, muss sich völlig umstellen, wenn er es mit einem nordischen Hund zu tun bekommt. Ebenso reagieren Hunde unterschiedlich stark auf Ablenkungen und Reize.

Bevor man den zweiten Hund auswählt, sollte man sich über Stärken und Schwächen in diesem Punkt klar sein. Ist der Ersthund von sich aus aufmerksam oder muss man sehr viel dafür tun? Nutzt er es sofort aus, wenn man nicht aufpasst? Reagiert der Ersthund völlig aufgeregt auf andere Hunde oder Umweltreize? Hier sollte man sich gut überlegen, ob man schon bereit für einen zweiten Hund ist, und wenn ja, ob man einen zweiten Hund vom gleichen Typ handhaben kann.

KOMMUNIKATION

Wie schwer fällt es Ihnen, in Ihrer Kommunikation mit dem Hund klar und deutlich zu sein? Immer dieselben Kommandos benutzen, eine klare, eindeutige Körpersprache zu haben, Atmung, Stimme, Ausstrahlung unter Kontrolle zu halten? Hier liegt eine der größten Herausforderungen im Umgang mit dem Hund.

Wenn Sie zwei Hunde haben, müssen Sie zusätzlich auch noch deutlich machen, ob Sie gerade beide Hunde oder nur einen Hund

ansprechen wollen, und welchen. Die Hunde müssen also lernen, zu unterscheiden, wann sie gemeint sind. Das Trainieren des Namens bekommt bei der Mehrhundehaltung einen besonderen Stellenwert, und die Körpersprache muss noch klarer werden.

Vielleicht sind Sie und Ihr Ersthund bereits ein eingespieltes Team, Ihr Hund reagiert auf feine Signale, schon geringfügige Veränderungen Ihrer Körpersprache, leise Kommandos – Sie verstehen sich fast schon wie durch Gedankenübertragung. Hervorragend! Und jetzt kommt ein zweiter Hund dazu, dem diese Ausbildung noch fehlt. Zwangsläufig müssen Sie mit größeren Gesten kommunizieren, häufiger Kommandos geben, mehr Energie in Ihre Körpersprache legen. Es ist wichtig, sich bewusst zu sein, dass das für den Ersthund verwirrend sein kann. Die plötzlich »laute« Kommunikation lässt ihn abstumpfen und weniger fein reagieren. Oft wird die Kommunikation mit dem Ersthund dadurch schlechter. Auch wenn man ein Sensibelchen und ein robustes Gemüt gleichzeitig führt, muss man sehr genau auf die eigene Kommunikation achten. Während der eine ein lautes Wort einfach abschüttelt, geht für den anderen die Welt unter. Auch wenn er vielleicht gerade gar nicht gemeint ist. Um angemessen mit den Hunden kommunizieren zu können, muss man den individuellen Charakter beider Hunde im Blick behalten und darauf eingehen.

Meine beiden Hunde sind nicht nur sehr unterschiedlich in Alter und Ausbildungsstand, sondern auch vom Typ her. Falk ist in seiner ganzen Art weicher, leiser und empfänglicher als Dakota, der ein wesentlich robusteres Gemüt hat. Das macht die Arbeit mit beiden manchmal schwierig, weil ich sehr genau darauf achten muss, dass sich Falk nicht angesprochen fühlt, wenn es eigentlich um Dakota geht.

tergeht, ob gekuschelt wird? Es lohnt sich, darauf zu achten, dass man selbst derjenige ist, der Interaktionen mit dem Hund überwiegend initiiert und beendet. Diesen Punkt empfinden viele meiner Kunden erst mal als völlig überflüssige Schikane. Natürlich ist es doch scheinbar unsinnig, den Hund zu ignorieren, wenn er gerade gestreichelt werden möchte. Erst, wenn Sie merken, dass der Hund auch in anderen Situationen viel besser auf den Menschen achtet, wenn er nicht mehr »Graf Bobby« ist, verstehen viele das Prinzip.

Bei zwei Hunden passiert es natürlich schnell, dass sich immer einer dazwischendrängt und Aufmerksamkeit einfordert, obwohl er gerade gar nicht angesprochen war. Und natürlich möchte man nicht ungerecht sein ... und wendet sich dem zweiten auch zu. Nicht nur wird der zurückhaltendere der Hunde so schnell in den Hintergrund gedrängt – man vergibt auch die Chance, ganz ohne großes Dominanz-Gehabe einen Führungsanspruch zu etablieren. Also: Auch bei zweien gilt es, die Initiative zu behalten.

AKTION – REAKTION

Bei diesem Baustein geht es um die Frage, wer die Initiative im Miteinander hat. Wer führt, wer folgt? Ein guter Anführer muss seine »Gefolgschaft« nicht zum Folgen zwingen, er führt, in dem er (bildlich gesprochen) vorangeht, den Ton angibt, die Entscheidungen trifft. Ob der Mensch dieser Anführer ist, stellt man oft erst fest, wenn sein Führungsanspruch auf die Probe gestellt wird. Den Grundstein legt man aber auch hier wieder in ganz gewöhnlichen, unspektakulären und scheinbar nebensächlichen Alltagssituationen. Vom wem geht die Initiative aus? Wer entscheidet, ob und womit gespielt wird, ob man stehen bleibt oder wei-

Ebenso verlieren viele Hundehalter leicht den Blick dafür, ob beide Hunde tatsächlich auf den Menschen reagieren oder doch mehr auf den anderen Hund und einfach dessen Initiative folgen. Da gilt es, genau hinzuschauen! Denn ich möchte eine Reaktion auf MICH und meine Aktion und kein Zufallsergebnis.

Dafür ist eine klare und genaue Ansprache des einzelnen Hundes nötig: Wenn ich von Dakota eine Reaktion möchte, dann möchte ich in dem Moment nichts von Falk und umgekehrt. Je eindeutiger man in diesem Punkt ist – siehe Kommunikation – umso besser kann man den Erziehungsbaustein Aktion-Reaktion für sich nutzen.

Spaß

SPASS

Ohne das geht gar nichts! Die Arbeit und das Zusammenleben mit dem Hund müssen Spaß machen. Leider ist das nicht immer so. Frust und Enttäuschung schleichen sich ein, umso mehr, weil wir den Hunden emotional so verbunden sind.

Leider bedeuten zwei Hunde nicht nur doppelten Spaß, sondern oft auch doppelten Frust. Es ist schwer, sich auf einen Junghund einzulassen, wenn man den gut erzogenen Ersthund gewohnt ist. Es ist nicht leicht, zu akzeptieren, dass der zweite Hund vielleicht nicht so einfach und unkompliziert ist, wie der

erste. Wut oder Enttäuschung über den einen Hund wirken sich auch negativ auf den anderen aus. Zwei Hunde zu haben bedeutet eben auch doppelt so viele mögliche Baustellen, Probleme oder auch Krankheiten.

Was den Frustfaktor ebenfalls erhöhen kann: Dinge, die man mit einem Hund problemlos machen konnte, sind auf einmal nicht mehr möglich. Das kann ein Waldspaziergang sein, der mit dem ersten Hund völlig entspannt war, der zweite aber ist nur am Jagen interessiert. Oder man hat es bisher genossen, mit anderen Hunden und Haltern spazieren zu gehen – der Zweithund entpuppt sich aber als weniger verträglich mit Artgenossen. Während man mit dem Ersthund lange Ausflüge machen konnte, ist das mit einem Welpen nicht mehr so einfach möglich. Und so weiter.

Viele Hundehalter erwarten, dass es mit zwei Hunden einfach so weitergeht, wie mit einem. Das kann natürlich so sein – aber oft kommt es anders. Statt allzu blauäugig in das Abenteuer Zweithund zu starten, sollte man einfach damit rechnen, dass es auch mal ein bisschen holprig werden kann.

Wer mit realistischen Erwartungen herangeht, hat deutlich bessere Chancen, den Humor und Optimismus zu behalten, auch wenn mal etwas schiefgeht.

Mit zwei Hunden schleichen sich im Alltag viel eher Probleme ein, als mit nur einem. Und mit zweien ist es auch deutlich schwieriger, das wieder auszubügeln. Umso wichtiger ist es, eine positive Einstellung zu behalten und sich auch über kleine Erfolge freuen zu können!

Die Beziehung unter den Hunden

DIE MEHRHUNDEHALTUNG KANN AUCH MAL AUSSER KONTROLLE GERATEN ...

In meinem Verständnis von Mehrhundehaltung liegt – das sollte inzwischen klar herausgekommen sein – der Fokus auf der Beziehung zwischen Mensch und Hund, weniger auf der Beziehung zwischen den Hunden. Selbst wenn es zwischen den Hunden Probleme gibt, ist es am Menschen, diese zu lösen oder noch besser: vorzubeugen. Und auch bei der größten Harmonie unter den Hunden sollte die Bindung an den Menschen für beide Hunde wichtiger sein.

Ich halte nichts davon, ständig die Beziehung der Hunde zu analysieren. Und schon gar nicht die Rangordnung. Danach wird immer gefragt: Wer das Sagen habe unter den Hunden, wer der Chef ist. Denn die Rangordnung ist schließlich die natürliche Struktur in einem Wolfsrudel, oder?

Das ist meiner Meinung nach aus ganz verschiedenen Gründen Unsinn. Wolfsrudel sind Familien, das Elternpaar führt die Gruppe. Erwachsene Tiere verlassen den Sozialverband früher oder später. Ansonsten gibt es keine starre Rangordnung, um die man sich dauernd streiten müsste. Und unsere Hunde sind, bei allem Wolfserbe, Hunde und keine Wölfe. Obendrein ist das Zusammenleben eines oder mehrerer Menschen mit einem oder mehreren nicht miteinander verwandten Caniden alles Mögliche, aber nicht »natürlich«.

Von irgendwelchen Klischees über Wölfe sollte man sich also ganz schnell verabschieden!

Allerdings, und das ist etwas ganz Besonderes, bilden Hunde und Menschen, die zusammenleben, tatsächlich einen Verband.

Eine soziale Gruppe, über die Artgrenzen hinweg. Der Mensch erhebt den Anspruch, diese Gruppe zu führen und zu leiten und nennt diesen Anspruch »Erziehung«.

In meiner Erfahrung läuft es unter den Hunden dann am harmonischsten ab, wenn der Mensch seine Führungsrolle ernst nimmt und aktiv ausfüllt. Dann gibt es einfach viel weniger mögliches Konfliktpotential unter den Hunden. Im Zweifel klärt der Mensch die Situation, fertig. Da gibt es gar keinen Grund, sich um irgendwas zu kloppen, ob Rangordnung oder nicht.

Natürlich haben auch die Hunde untereinander eine Beziehung. Sie beeinflussen sich gegenseitig und interagieren miteinander. Man erkennt meistens auch ganz deutlich, welcher Hund den Ton angibt. Sie leben aber keineswegs in einer starren Hierarchie, in der der stärkere oben steht und alle Rechte hat, während der schwächere kuschen muss. Wer, wem, was »zu sagen« hat ist situationsabhängig und ständigen Veränderungen unterworfen.

Hunde sind soziale, intelligente Lebewesen mit komplexen Verhaltensweisen. Sie können Freundschaften aufbauen, aber auch Antipathien, sich gegenseitig ärgern, austricksen, sich unterstützen, beschützen oder einander auf die Nerven gehen. Es kann sein, dass sich die Hunde gegenseitig ignorieren, dass sie die dicksten Freunde werden oder sich nicht leiden können. Meistens werden sie sich miteinander arrangieren, und zwar ohne irgendwelche Rangkämpfe. Beobachten Sie Ihre Hunde genau und lernen Sie sie kennen, statt sie in eine Schablone zu pressen.

In der Regel wird der souveränere, selbstsicherere Hund eine Führungsrolle gegenüber dem anderen einnehmen, in dem Sinne, dass der unsicherere, jüngere oder schwächere Hund sich an ihm orientiert. Das heißt aber nicht, dass nun der Überlegene alles Futter oder Spielzeug für sich beansprucht (oder beanspruchen darf). Natürlich wird auch der schwächere Hund mal sein Futter verteidigen. Sorgen Sie einfach dafür, dass das nicht notwendig ist. Ressourcen aller Art werden vom Menschen zugeteilt.

Wenn Hunde sehr unterschiedliche Charaktere und Lebenserfahrungen aufweisen, verhalten Sie sich natürlich auch sehr unterschiedlich. Da treffen manchmal Welten aufeinander. Wenn ein verwöhnter Sofa-Schmuser plötzlich mit einem abgebrühten Straßenhund zusammenleben soll, kann es gut sein, dass ersterer nichts mehr zu melden hat – oder aber sich dem Neuzugang begeistert anschließt. Ein ängstlicher, verschreckter Hund aus dem Ausland kann beim freundlichen Familienhund Sicherheit finden, oder aber ihn mit seiner Angst selbst unsicher machen.

Jede Konstellation ist anders. Je besser Sie Ihren Ersthund kennen, je besser dieser sich in der Welt zurechtfindet, die Regeln kennt und weiß, wo er steht, umso besser wird er mit dem Neuzugang zurechtkommen und dieser mit ihm. Erwarten Sie nicht, dass der neue Hund das Leben für den ersten schöner und besser machen muss – wenn Ihr Ersthund Probleme hat, dann wird der zweite diese nicht lösen können, das ist Ihre Aufgabe.

Lassen Sie von Anfang an nicht zu, dass einer den anderen drangsaliert, unterwirft oder ihm alles streitig macht. Das hat, nochmal, nichts mit Rangordnung zu tun. Wenn es dauernd Konflikte unter den Hunden gibt, einer den anderen mobbt oder permanent einschränkt, sollten Sie nicht darauf warten, dass die Hunde irgendeine Rangfolge klären, sondern solche Verhaltensweisen schlicht unterbinden. Dauernde Konflikte unter den Hunden sind ein Hinweis auf Stress und Unsicherheit, oder es liegt einfach daran, dass Sie Ressourcen nicht richtig verwalten und zuteilen und es daher ständig Auseinandersetzungen gibt.

Wir Menschen stecken die Hunde zusammen unter ein Dach, nehmen ihnen die Möglichkeit, sich aus dem Weg zu gehen. Wir müssen daher auch dafür sorgen, dass das Zusammenleben für beide Hunde stressfrei und angenehm ist. Die Beziehung der Hunde ist dynamisch. Sie wird sich ständig verändern – zum Beispiel, wenn der Neuzugang erwachsen wird oder der ältere Hund körperlich abbaut. Auch hier sollten Sie immer ein Auge darauf haben. Es ist normal, wenn ein heranwachsender Hund zum älteren auch mal frech wird und schaut, wie weit er kommt. Wenn der ältere mit dem

halbstarken Rüpel nicht fertig wird, greifen Sie helfend ein. Andererseits übernimmt auch der jüngere Hund irgendwann mehr Verantwortung, schaut nicht mehr zum Älteren auf – das entlastet den Althund. Damit der Jüngere nicht immer im Schatten des Älteren bleibt, sondern sich eigenständig entwickelt, muss er natürlich auch Erfahrungen ohne die Begleitung des Ersthundes machen dürfen.

Man muss nicht ständig und immer alles für die Hunde regeln. Lassen Sie die Hunde durchaus auch mal was »unter sich ausmachen« – aber Sie setzen den Rahmen und die Grenzen dafür. Vertrauen Sie ruhig Ihren Hunden und Ihrem Bauchgefühl, aber sorgen Sie dafür, dass es kein unnötiges Konfliktpotential gibt.

Je besser Sie Ihren Ersthund kennen, umso mehr können Sie ihm auch im Umgang mit dem Neuzugang vertrauen.

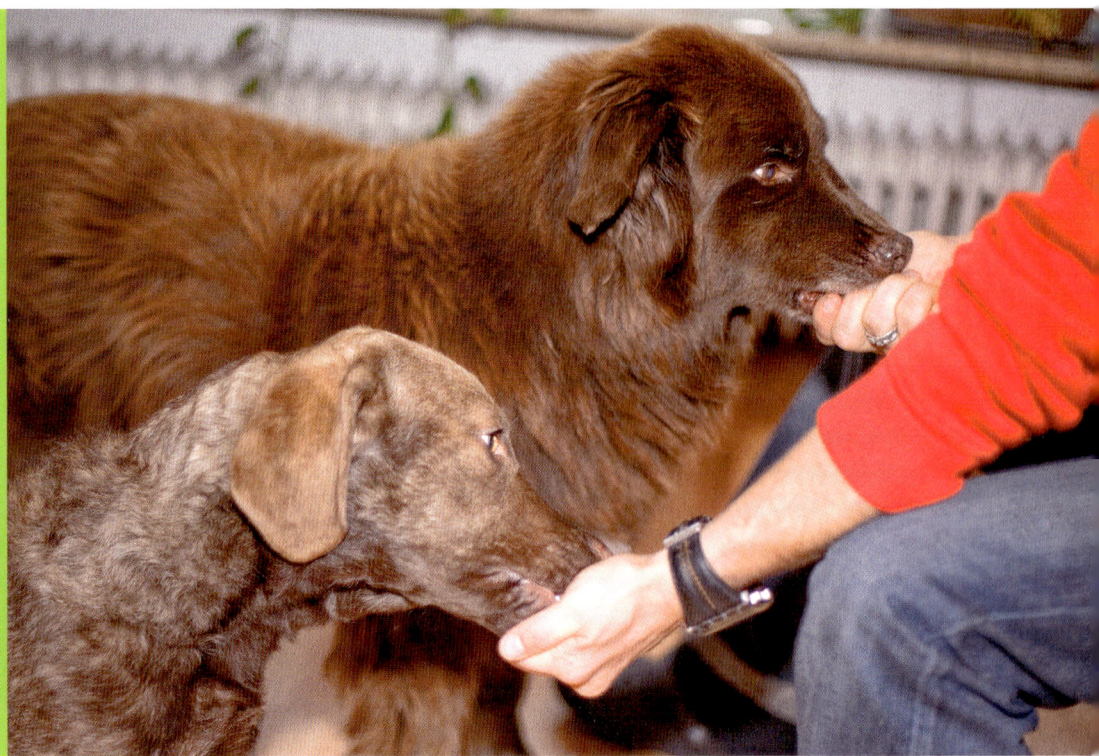

Es ist die Aufgabe des Halters, Konflikte zu vermeiden.

KONFLIKTE VERMEIDEN

Die meisten Konflikte sind einfach Streitereien um Ressourcen. Futter, Spielzeug, Liegeplätze – und nicht selten auch um den menschlichen Sozialpartner.

Klipp und klar: Verwalten Sie bitte Ressourcen. Das beherzigen viele Halter nur am Anfang – es sollte aber ein Grundsatz sein. Die Hunde werden schließlich recht plötzlich mit einer neuen Situation konfrontiert und warten oft erst mal eine Zeitlang ab, bevor sie sich trauen, Streit anzufangen.

Die erste Begegnung – oder im Idealfall mehrere Begegnungen – der Hunde sollte auf neutralem Boden stattfinden, nicht im Haus oder im eigenen Garten. Erst danach geht man

gemeinsam ins neue Zuhause. Das hilft, aber ist noch lange keine Garantie, dass der Ersthund den neuen Hund nicht als Eindringling sieht. Wenn Sie etwas zum Kauen austeilen, geben Sie es jedem Hund auf seinem Platz, und fertig. Auch hier zahlt es sich wieder einmal aus, ein Korbtraining zu machen, damit die Hunde ihre Plätze kennen. So können Sie Streit um Liegeplätze ebenfalls vermeiden: Keiner hat Anspruch auf das Sofa, fertig. Wenn Sie die Hunde einladen, alles o.k. Das hat auch nichts mit Gerechtigkeit zu tun – wenn der Chihuahua aufs Sofa darf, aber die Dogge nicht, dann ist das eben so. Ihr Sofa, Ihre Regeln.

Lassen Sie nichts Fressbares herumliegen, schon gar nicht, wenn Sie nicht dabei sind. Das ist einfach unnötiges Konfliktpotential, und lassen Sie den Futternapf nicht den ganzen

Wenn es ums Futter geht, sollte der Mensch ganz klar Kontrolle über die Situation haben. Wenn das mit zwei Hunden noch nicht geht, trennen Sie die Hunde lieber räumlich, bevor es hektisch wird.

Füttern Sie die Hunde zunächst räumlich getrennt. Wenn einer der Hunde extrem futterneidisch ist oder Angst hat, an den Napf zu gehen, wenn der zweite in der Nähe ist, dann kann es ratsam sein, in einem anderen Raum zu füttern. Ansonsten stellen Sie die Näpfe mit viel Abstand hin und bleiben als Puffer dazwischen. Dann können Sie sich langsam herantasten, um herauszufinden, wie viel Kontrolle die Situation erfordert.

Ich halte es generell für sinnvoll, die Situation beim Füttern im Auge zu behalten. Denn auch wenn alles scheinbar ganz friedlich und harmonisch abläuft – das kann sich immer mal ändern. Vielleicht wird der ältere Hund langsamer und braucht mehr Zeit zum Fressen. Oder der jüngere Hund beginnt, plötzlich frech zu werden und dem älteren das Futter streitig machen zu wollen.

Tag stehen, sondern füttern Sie kontrolliert ein- oder mehrmals am Tag. Wenn schon Ihr Ersthund beim Anblick des Napfes aufgeregt wird, bringen Sie erstmal Ruhe in die Futtersituation. Am besten, bevor der Zweithund einzieht! Und auch der Zweithund sollte zuerst lernen, in Ruhe abzuwarten, und begreifen, dass er seinen Napf nicht verteidigen muss – auch nicht gegen den Menschen.

Machen Sie damit keine Experimente, vor allem nicht mit zwei erwachsenen Hunden. Sie können den zweiten Hund noch nicht einschätzen und haben keinen Einfluss auf ihn. Es bringt nur unnötig Angst und Misstrauen, wenn es gleich beim ersten gemeinsamen Fressen Ärger unter den Hunden gibt. Und im schlimmsten Fall kann dieses negative Erlebnis am Anfang zu bleibender Antipathie führen.

Für Spielzeug gelten ähnliche Regeln wie für Futter. Sie teilen es zu, und zwar dann, wenn gespielt wird, und Sie nehmen es auch wieder weg. Am besten beherzigen Sie die »Drinnen herrscht Ruhe«-Regel und spielen nur draußen mit den Hunden.

Dort ist es am einfachsten, wenn Sie Spielzeug klar zuteilen und jeder Hund sein eigenes hat, das Sie gezielt zum Spielen hervorholen. In der Wohnung haben meine Hunde kein Spielzeug zur freien Verfügung. So gibt es keinen Streit und es macht das Spielzeug wesentlich interessanter, wenn es hervorgeholt wird – eine wertvolle Motivation und Belohnung.

Dakota liebt sein Spielzeug. Obwohl auch mein älterer Rüde Falk ein absoluter »Spielzeughund« ist, muss er akzeptieren, dass ihn Dakotas Spielzeug nichts angeht – und umgekehrt.

Sie sollten sich keinesfalls selbst zum Gegenstand von Streitereien werden lassen. Hier ist der Baustein der Erziehung »Aktion-Reaktion« hilfreich. Wenn Ihre Hunde wissen, dass Sie derjenige sind, der interessante Aktionen initiiert, hat es kaum Sinn, sich um den Menschen zu streiten. Aber was, wenn das Ganze umgekehrt läuft? Wenn Ihr Ersthund weiß, dass er Sie nur anstupsen muss, um gestreichelt zu werden, ein Blick zur Hosentasche dazu führt, dass Sie ein Leckerchen herausholen, oder Sie auf jede Spielaufforderung eingehen – dann sind Sie selbst zu einer wertvollen Ressource, einer Quelle vieler guter Dinge geworden. Und die will Ihr Hund unter Umständen nicht teilen.

Allzu oft höre ich, dass es »plötzlich« und »aus heiterem Himmel« Streit zwischen den Hunden gegeben hat. Meistens ist das gar nicht so plötzlich, aber die Menschen haben die Anzeichen nicht gesehen. Übergriffe ohne jedes Warnzeichen sind extrem selten. Sollte so etwas vorkommen, dann ist der Gang zum Tierarzt mit dem urplötzlich aggressiven Hund angezeigt! Er könnte Schmerzen haben, dement werden, eine Schilddrüsenunterfunktion haben oder sogar einen Hirntumor, der sein Verhalten beeinflusst.

Die meisten Auseinandersetzungen haben aber andere Gründe und sind ebenso vorhersehbar wie vermeidbar, wenn man wirklich genau hinschaut. Solange es bei Warnungen bleibt, ist alles halb so wild. Solange beide Hunde die Warnungen des jeweils anderen respektieren. Wenn aber einer der Hunde die Warnungen des anderen immer wieder ignoriert, oder wieder und wieder anfängt, kann es gut sein, dass dem anderen »urplötzlich« der Kragen platzt.

Aus solchen Situationen darf man den Hund keine Besitzansprüche ableiten lassen. Solange Sie zum Kuscheln einladen (und den Hund auch wieder ausladen können) ist aber alles o.k.

Ebenso kann es sein, dass sich ein Hund ständig alles vom anderen wegnehmen lässt, weil es ihm einfach nicht so wichtig ist – aber dann »plötzlich« ist ihm sein Lieblingsspielzeug einen handfesten Krach wert.

Es kann auch sein, dass der jüngere Hund sich vom älteren problemlos wegschicken lässt – bis er es irgendwann vielleicht mal nicht mehr tut, sondern gegen den älteren geht. Die Beziehung unter den Hunden kann sich verändern. Nicht immer bekommt der Mensch das mit und fällt dann aufgrund der Reaktion plötzlich aus allen Wolken.

Es ist nicht nötig, jede kleine Interaktion zwischen den Hunden zu regeln – aber es ist ebenso unnötig, Auseinandersetzungen zu provozieren, weil Kauknochen und Spielsachen herumliegen.

Besonders, wenn einer Ihrer Hunde generell Probleme hat, mit Artgenossen zu kommunizieren. Sei es, weil er als Welpe und Junghund kaum Kontakt zu Hunden hatte, oder weil er völlig verängstigt aus einem überfüllten rumanischen Zwinger kam – Sie können unter Umständen nicht davon ausgehen, dass Ihr Hund gelernt hat, wie man normal und respektvoll miteinander umgeht. Solche Hunde machen schlicht und einfach Fehler in der Kommunikation, die zu echten Zwischenfällen führen können. Manche überreagieren extrem, andere können selbst nicht richtig warnen oder Warnungen nicht erkennen.

Nicht wenige Mehrhundehalter produzieren sich so einen im Verhalten eingeschränkten Hund auch noch selbst. Wenn der Ersthund sich vom Jungspund alles gefallen lässt und ihm keine Grenzen setzt, kann der jüngere auch nicht lernen, wie man sich benimmt. In so einem Fall müssen Sie Ihren Ersthund unterstützen und selbst Grenzen ziehen. Und dem Nachwuchshund viele Kontakte ohne Anwesenheit des Ersthundes mit anderen erwachsenen Hunden anbieten.

DIE MACHEN DAS UNTER SICH AUS …?

Im Zusammenhang mit Konflikten unter den Hunden taucht immer wieder die Frage auf, wie viel man die Hunde unter sich regeln lassen sollte. Generell beantworten kann man das nicht. Jede Regung der Hunde zu kontrollieren ist genauso wenig sinnvoll, wie alles einfach laufen zu lassen. Je nach Hunden und je nach Situation muss man hier immer wieder neu entscheiden. Und wieder ist Ihre Beziehung zu den einzelnen Hunden entscheidend – nicht die Beziehung der Hunde unter sich. Wenn Sie Ihre Hunde kennen, ihnen vertrauen und sie beeinflussen können, können Sie entspannter sein, weil Sie Eskalationen besser erkennen werden und vor allem in der Lage sind, regelnd einzugreifen. Dann kann man es sich auch erlauben, abzuwarten, wie sich eine Auseinandersetzung entwickelt.

Als Faustregel gilt: Je besser Sie eingreifen können, umso weniger müssen Sie das. Intensives Einzeltraining zahlt sich also auch hier aus – es stärkt die Beziehung, es stärkt die Hunde charakterlich und es stärkt ihr Selbstvertrauen, auch im Umgang mit Konflikten.

Eine weitere sinnvolle Grundregel: Auf neutralem Boden kann man Konflikte eher mal laufen lassen, als in der Wohnung. Zuhause, im gemeinsamen sozialen Raum, gibt es einfach viel mehr Konfliktpotential. Der Raum selbst ist eine Ressource. Schon die Frage, wer an einer bestimmten Stelle im Flur liegt, kann zur Auseinandersetzung führen. Der Mensch bekommt oft nicht mal mit, woran sich ein Konflikt entzündet. Im Haus sollte daher gelten: keine Streitereien. Sie, der Halter, kontrollieren den sozialen Raum und die Ressourcen darin, grundsätzlich.

Auf neutralem Boden gibt es weniger Auslöser für Streit, und viel mehr Möglichkeiten, für die Hunde, Konflikte aufzulösen und sich aus dem Weg zu gehen. Da können Sie Streitereien auch mal ein Stück weiter zulassen.

MOBBING

Ein oft unterschätztes Problem ist Mobbing. Wenn ein Hund den anderen ständig bespielt, auch wenn dieser das gar nicht will, bedrängt, verfolgt und nicht in Ruhe lässt, dann kann das dazu führen, dass das Opfer sich irgendwann wehrt. Und es ist auch für sich alleine genommen ein Problem.

Meist hat dieses Verhalten tiefer liegende Ursachen, die abgestellt werden sollten. Stress, Unsicherheit, zu viel oder auch zu wenig Beschäftigung. Einen überdrehten, überforderten Hund von einem gelangweilten, unterbeschäftigten zu unterscheiden, fällt vielen Leuten recht schwer. Und ein Hund kann tatsächlich gleichzeitig völlig überdreht sein, weil er nie zur Ruhe kommt oder nur mit Ballspielen beschäftigt wird, und unterfordert und gelangweilt, weil er immer nur die gleiche Hundewiese zu sehen bekommt und keine geistige Ansprache hat. Hier gilt es, genau hinzuschauen. In jedem Fall muss der unruhige Hund Ruhe lernen und der andere vor dem Quälgeist geschützt werden. Beide Hunde müssen angemessen beschäftigt und ausgelastet werden und genug Gelegenheit haben, entspannt zu ruhen.

GERECHT ODER UNGERECHT?

Klar, wenn einer was zu kauen bekommt, dann auch der andere – das ist keine Frage. Aber nicht in allen Bereichen bedeutet Gerechtigkeit, beide Hunde immer gleich zu behandeln. Gerecht ist, jedem Hund das zu geben, was er gerade braucht. Ein Welpe muss viel öfter raus, braucht und will mehr körperliche Zuwendung, ist verspielter. Der ältere Hund, der zuerst da war, muss in seiner Rolle gestärkt werden, sollte durchaus eine gewisse Bevorzugung erfahren und nicht von heute auf morgen in eine neue Rolle gepresst werden.

Es ist nicht ungerecht, wenn Sie Ihre Hunde unterschiedlich behandeln – solange Sie klar und konsequent sind.

KONFLIKTE MIT ANDEREN HUNDEN

Tatsächlich kommt das recht häufig vor. So auch in den Fallbeispielen in diesem Buch – Anoki, der an der Leine andere angiftet, Matse, der unverträglich wurde, als Ella kam. Viele Halter interpretieren das so, dass ihre Hunde eben keine fremden Hunde mehr mögen oder brauchen, denn sie haben ja nun sich!

Wenn Ihre Hunde augenscheinlich keinen großen Wert auf die Gesellschaft anderer Hunde legen, ist das ja erst mal gar nicht schlimm. Ältere Hunde sind oft desinteressiert, Falk mag auch nicht mit irgendwelchen fremden Hunden spielen. Das ist aber noch lange kein Grund, aggressiv zu werden.

Aggressives Verhalten gegen Artgenossen hat weitaus öfter ganz andere Gründe. Sehr häufig steckt Unsicherheit dahinter, manchmal auch Ressourcenverteidigung oder unangebrachtes Territorialverhalten, das der Halter nicht

Unterschiedliche Hunde haben unterschiedliche Bedürfnisse.

zu kontrollieren weiß. Alles Verhaltensweisen, die sich in der Gruppe schnell verschlimmern. Denn gemeinsam, mit Rückendeckung durch den anderen, pöbelt es sich doch gleich viel besser. Anoki ist kein aggressiver Hund. Er ist unsicher und hat noch zu wenig Erfahrung. Er bekam die Aufgabe zugeschoben, auf Karlo aufzupassen, und ist damit überfordert. Anoki braucht mehr Sicherheit durch Ines, klare Führung und Zeit und Gelegenheit, erfahrener und gelassener zu werden, ohne Karlo im Rücken. Auch Matse ist kein aggressiver Hund. Er hat seinen Stress ausgelassen und seine Hündin verteidigt. Es ist an Sandra, der Besitzerin, den Hund weniger Stress auszusetzen und ihm klar zu machen, dass er Ella weder verteidigen muss noch darf.

Auch der Junghund, der erst rotzfrech wird, weil er den Althund im Rücken weiß, und dann Ärger mit anderen bekommt, weil er sich nicht zu benehmen weiß, ist nicht aggressiv, sondern unerzogen.

Auch bei mehreren Hunden halte ich es für wichtig, die Hunde regelmäßig Kontakt, auch einzeln, zu anderen Hunden haben zu lasen und auch Begegnungen mit fremden Hunden zu üben. Natürlich hat man es schwerer, wenn sich die Hunde anstacheln oder sich gegenseitig den Rücken stärken. Umso wichtiger ist es, erst einen zweiten Hund aufzunehmen, wenn der erste so weit ist, und den Zweithund auch einzeln seine eigenen Erfahrungen machen zu lassen.

Der Ersthund gibt dem jüngeren Sicherheit auf der Hundewiese – aber das darf nicht zum Freibrief für Frechheiten werden.

Andere Hunde gänzlich zu vermeiden, ist der falsche Weg. Hunde brauchen den Kontakt zu Artgenossen. Auch, wenn sie nicht spielen und herumtollen! Es passiert schließlich noch viel mehr an Kommunikation unter den Hunden, selbst wenn wir Menschen das manchmal nicht wahrnehmen. In meiner Erfahrung entwickeln Hunde, die kaum Kontakt zu anderen Hunden haben, oft Probleme.

Wenn man nicht in der Einöde lebt, werden die Hunde ja in jedem Fall ständig mit Artgenossen konfrontiert. Auch, wenn Sie extra nachts um 2 Uhr Gassi gehen – für Ihre Hunde sind die Duftmarken trotzdem überall. Es ist unfair, die Hunde einem derartigen permanenten Stress auszusetzen. Und das gilt auch, wenn die Hunde zu zweit – aber trotzdem isoliert – sind.

Man kann Wachsamkeit und Territorialverhalten nicht einfach abstellen, aber man sollte es als Halter kontrollieren können. Aber auch territoriales Verhalten wird zu zweit ausgeprägter. Es wird schwieriger, die Hunde zu kontrollieren und das Training entsprechend aufwändiger. Erste Maßnahme: die Hunde nicht ohne Aufsicht in den Garten lassen, damit sie gar nicht erst als bellende Meute zum Zaun stürmen können.

Der Name

Wenn Sie Ihren Hund ansprechen, soll er Sie anschauen. Dann haben Sie auch seine Aufmerksamkeit. Ganz einfach. Und das auch bei Ablenkung. Nicht mehr so einfach! Bei zwei Hunden ist dieses Training noch wichtiger. Denn beide müssen wissen, wann sie gemeint sind. Schon mit einem Hund ist es nicht sinnvoll, ihn ständig mit verschiedenen Kosenamen oder Geräuschen – Schnalzen, Händeklatschen usw. – auf sich aufmerksam machen zu wollen. Bei zweien wird es dann vollends unklar.

Das Training beginnt schon mit dem Welpen. Füttern Sie ihn häufig aus der Hand. Bauen Sie dabei behutsam Nähe auf und versuchen Sie, den Blickkontakt zu verlängern.

Handfütterung bei einem Welpen. Das Futter kommt von der Kinnspitze, die Mimik ist überdeutlich. So erreiche ich, dass der Hund mich anschaut und Blickkontakt als positiv erfährt.

Zuerst üben Sie zuhause, dann an allen möglichen Orten und in verschiedenen Situationen. Der Name soll selbstverständlich nicht nur eingeübt werden, er muss auch benutzt werden. Wenn Sie etwas von einem Ihrer Hunde wollen, dann sprechen Sie ihn klar und deutlich mit dem Namen an, den Sie geübt haben. Wenn Ihr Hund noch nicht gut reagiert, weil er z.B. gerade irgendwo schnuppert, wiederholen Sie sich nicht und werden immer lauter dabei, sondern gehen Sie einfach hin und holen sich seine Aufmerksamkeit, zum Beispiel mit einem Leckerli vor der Nase. Sprechen Sie ihn erneut mit Namen an – Blickkontakt – Belohnung.

Erst, wenn Ihr Hund Sie anschaut, folgt das Kommando. Der Name allein bedeutet nur, dass er aufmerksam sein soll. Loben Sie nicht, wenn Fiffi auf Bellos Namen reagiert! Ignorieren Sie das einfach. Der Hund soll ja auch wissen, wann er nicht gemeint ist.

Mit zwei Hunden – klare Ansprache – schauen – Futter.

Gerade mit zwei Hunden muss es ruhig zugehen. Das will geübt werden.

Mit Karlo und Anoki. Die beiden kennen die Übung noch nicht, es ist daher wichtig, dass sich Ines ganz deutlich dem Hund zuwendet, den sie gerade anspricht. Ob die Hunde sitzen, liegen oder stehen ist völlig egal, der Name ist kein Kommando. Es geht nur um das Anschauen.

Ansprache – Blickkontakt – Belohnung: Auch draußen. Aufmerksamkeit in allen Lebenslagen ist die Voraussetzung für alles andere.

Hausregeln für 2

Die Hausregeln sind ein zentrales Element in meinem Erziehungskonzept. Und das nicht nur, weil ich nicht gerne zwei große Hunde durchs Haus toben lasse.

Klare Regeln im Haus etablieren auf ganz einfach Weise den Führungsanspruch des Menschen. Wer über den sozialen Raum bestimmt und die Regeln des Miteinanders aufstellt, der bestimmt eben auch in anderen Lebensbereichen. Viele typische Probleme mit dem Hund werden besser, wenn man häusliche Regeln aufstellt und durchsetzt, auch wenn die Dinge anscheinend gar nichts miteinander zu tun haben.

Ob Sie Ihren Hunden erlauben, aufs Bett oder Sofa zu springen, ob Ihr Hund im Schlafzimmer schläft oder beim Essen im selben Raum wie die Menschen sein darf – das alles ist voll und ganz eine Frage der persönlichen Vorlieben. Für mich gehört es zum Beispiel dazu, dass meine Hunde bei mir im Schlafzimmer schlafen.

Wichtig ist, dass es Ihre Vorlieben sind – und nicht die des Hundes. Sie sind derjenige, der den gemeinsam bewohnten sozialen Raum strukturiert und darüber bestimmt. Der Hund liegt nicht auf dem Sofa, weil Sie nicht wissen, wie Sie ihn da runter bekommen können – sondern weil Sie es erlaubt haben. Und wenn Sie es sagen, springt er auch wieder runter.

Ich rate stets dazu, den Hunden deutlich zu zeigen, dass Sie es sind, der den gemeinsamen sozialen Raum, in dem sich das Zusammenleben abspielt, strukturieren und kontrollieren. Als ersten und wichtigsten Schritt rate ich zu einem Korbtraining.

Den sozialen Raum zu kontrollieren, heißt nicht, die Hunde einfach einzusperren. Das löst Probleme nur vordergründig und ändert nichts an der grundsätzlichen Beziehung zwischen Hund und Halter. Eine räumliche Begrenzung alleine ist noch keine Erziehung.

Korbtraining

In einer Höhle fühlen sich die meisten Hunde am wohlsten und werden weniger abgelenkt. Der Schlafplatz wird aber nicht geschlossen, der Hund soll ihn freiwillig und gerne aufsuchen und nicht eingesperrt werden.

KORBTRAINING

Die Übung, den Hund bzw. die Hunde auf den Platz zu schicken, ist für mich einer der ersten und grundlegenden Schritte der Hundeerziehung. Wenn Sie an diesem Schritt scheitern, werden Sie an anderen Schritten auch scheitern. Es lohnt sich also, ein paar Wochen auf diese Übung zu verwenden. Das Gute ist: So gut wie immer geht es viel einfacher als erwartet – wenn Sie konsequent sind.

Überprüfen und ändern Sie ggf. zuerst die Plätze der Hunde. Gehen sie gerne in ihre Körbe oder Boxen? Wenn nicht, achten Sie auf folgende Punkte:

1. **Ein fester Platz,** evtl. ein zweiter als Schlafplatz für die Nacht – mehr nicht!

2. Ist der **Platz geschützt,** an einer ruhigen Stelle, ohne ständige Störung?

3. Der Platz sollte sich **nicht an einem zentralen Ort** befinden, von dem aus der Hund alles im Blick hat. Nicht direkt neben der Haustür, nicht mitten im Wohnzimmer.

4. Ist er **bequem, groß genug,** um sich auszustrecken, weich gepolstert, zugluftgeschützt?

5. Hat er ein klares »Innen« und »Außen«? Ein Korb mit Rand oder eine Transport- oder Faltbox (mit geöffneter Tür) sind besser geeignet, als ein flaches Kissen oder eine Decke.

6. Fühlt sich Ihr Hund ausreichend **geschützt?** Besonders unruhige, nervöse Hunde finden in einer Transportbox besser zur Ruhe.

7. Auf dem Platz sollte sich **kein Spielzeug** o.Ä. befinden.

8. Haben Sie den Platz bisher als Strafe benutzt? Den Hund – evtl. mit einem scharfen Tonfall – auf den Platz geschickt, wenn er etwas falsch gemacht hat? Sehen Sie in Zukunft davon ab. **Der Korb ist keine Strafmaßnahme.**

9. Hat **jeder Ihrer Hunde einen Platz,** der ganz klar seiner ist?

10. Liegen die Schlafplätze **deutlich räumlich getrennt?** Wenn die Körbe direkt nebeneinander liegen, ist die Übung für Hund und Mensch schwieriger – und der Effekt geringer.

So dicht beisammen ist es für die Hunde schwieriger zu erkennen, wer gerade angesprochen wird.

Wenn die Schlafplätze nicht direkt nebeneinander liegen, ist das Training viel einfacher.

LERNSCHRITT 1

Machen Sie die Schlafplätze attraktiv

Servieren Sie Ihren Hunden die Hauptmahlzeit im Korb. Futter sorgt automatisch dafür, dass der Hund seinen Platz gut findet.

Es macht überhaupt nichts, wenn die Hunde schon von sich aus in ihre Körbe springen, sobald sie hören, dass das Futter vorbereitet wird. Sie müssen aber dafür sorgen, dass jeder Hund in seinen eigenen Korb geht und dort bleibt, und nicht versucht, dem anderen sein Futter zu klauen.

LERNSCHRITT 2

Schicken Sie die Hunde in die Körbe

Und zwar jeden in seinen. Geben Sie dazu klare Kommandos, z.B. »Lucky! In den Korb!« Dazu geben Sie ein Handzeichen, deuten Sie auf den Korb. Wenn Ihr Hund diesem Kommando folgt, prima. Wenn nicht: Gehen Sie mit Ihrem Hund zum Korb. Wenn er Ihnen nicht folgt, legen Sie ihm zum Üben die Leine an. Geben Sie wieder das Kommando »In den Korb«, und führen Sie den Hund an der Leine zu seinem Korb.

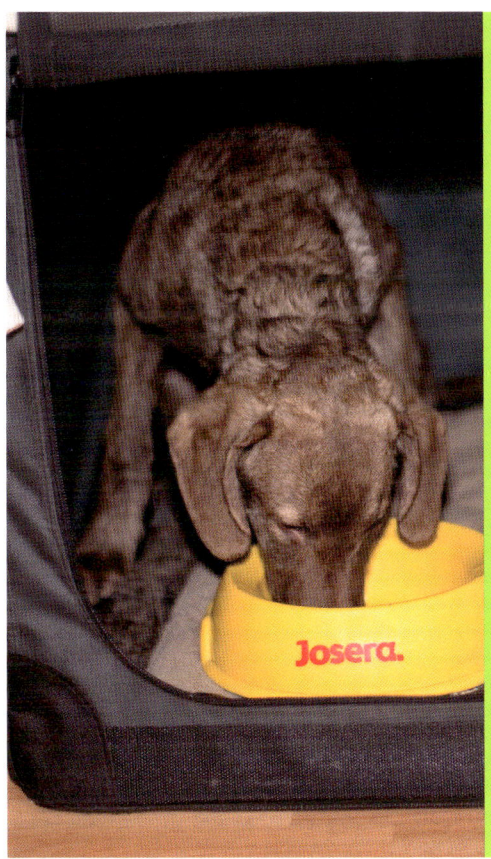

In der Lernphase kann die Leine beim Üben einfach dranbleiben. Dann können Sie den Hund wieder zurückführen, wenn er aufsteht.

Verlässt ein Hund den Korb, befördern Sie ihn sofort wieder zurück. Bleiben Sie freundlich, aber bestimmt und vor allem konsequent!

Steigern Sie die Anforderung langsam. Gehen Sie gemeinsam mit Ihrem Hund in die Nähe des Körbchens, lassen Sie dort die Leine fallen und fordern Sie ihn auf, nun allein in den Korb zu gehen. Vergrößern Sie den Abstand langsam.

Entlassen Sie den Hund – jeden einzeln – dann wieder aus dem Korb. Und zwar ausdrücklich, mit dem Befehl: »Lucky! und ab!« oder »o.k.!«. Legen Sie sich auf ein Kommando fest, das

Sie generell zum Entlassen aus der Arbeit nutzen. Danach ist es dem Hund überlassen, ob er im Korb bleibt oder nicht. Das Entlassen soll keinen Aufforderungscharakter haben – Sie wollen den Hunden ja nicht beibringen, angespannt darauf zu warten.

Üben Sie das mehrmals täglich mit jedem Ihrer Hunde einzeln und auch gemeinsam. Das macht es natürlich für Sie schwieriger. Achten Sie darauf, dass der erste nicht wieder aufsteht, während Sie sich auf den zweiten konzentrieren. Bleiben Sie in dieser Phase ruhig, geduldig und vor allem konsequent.

LERNSCHRITT 3

Nun sollen die Hunde länger im Korb bleiben

Bleiben Sie anfangs in der Nähe, am besten so, dass Sie beide Körbe im Blick haben können. Wenn einer der Hunde den Korb verlässt, wird er sofort wieder zurückgeschickt. Aber ganz in Ruhe – denn wenn Sie mit einem Hund jetzt hektisch werden, wird der andere vermutlich auch aufspringen. Beginnen Sie, den Abstand zu vergrößern. Behalten Sie die Hunde dabei im Auge, aber ohne direkten Blickkontakt. Denn der wird nur allzu gern als Aufforderung verstanden, zu Ihnen zu kommen.

Entfernen Sie sich vom Korb, setzen Sie sich aufs Sofa und lesen Sie die Zeitung, während die Hunde im Korb liegen – steht einer auf, schicken Sie ihn zurück. Verlängern Sie die Phasen langsam, anfangs genügt schon eine Minute. Üben Sie mehrmals am Tag.

LERNSCHRITT 4

Üben Sie, die Hunde auch unter Ablenkung in den Korb zu schicken.

Zum Beispiel, wenn Sie sich in der Wohnung bewegen, wenn es klingelt, wenn Besucher da sind. Hier sind wieder Geduld und Konsequenz gefragt. Denken Sie daran, wenn Sie fordern, dass die Hunde auf die Plätze gehen, dann müssen Sie das auch durchsetzen, sonst machen Sie einen Schritt zurück. Überlegen Sie sich also vorher, welche Situationen zum Üben geeignet sind, nehmen Sie sich Zeit und informieren Sie z.B. Besucher darüber, dass es etwas länger dauern kann, bis Sie die Tür öffnen. Wenn Sie genau wissen, dass es in einer Situation noch nicht klappen wird, dann versuchen Sie es auch nicht, sondern üben erst noch mit weniger Ablenkung. Bleiben Sie konsequent, steigern Sie die Anforderungen langsam. Die größte Ablenkung besteht natürlich darin, einen Hund im Korb zu lassen, und den anderen herauszuholen und sich mit ihm zu beschäftigen. Auch das muss man konsequent erarbeiten und durchsetzen.

Beobachten Sie genau, ob Ihre Hunde beginnen, sich im Korb zu entspannen. Sie sollen nicht unter Strom stehen und nur darauf warten, wieder herausgeholt zu werden. Vergessen Sie auch nicht, die Hunde nach einer angemessenen Zeit zu entlassen! Kommt einer vorher aus dem Korb, müssen Sie den Befehl nacharbeiten und den Hund zurückschicken. Machen Sie es sich und den Hunden in der Lernphase nicht zu schwer. Schicken Sie den Hund lieber häufiger ins Körbchen, als zu lange.

Im Lauf der ersten Übungstage sollten die Hunde beginnen, ihre Plätze auch von sich aus aufzusuchen. Tun sie das nicht, fühlen sie sich dort vermutlich nicht wohl, und Sie sollten nochmal überprüfen, was sich an der Situation verbessern lässt.

Solange die Hunde von Ihnen kein Kommando bekommen, dürfen sie sich natürlich frei bewegen, auch die Körbe tauschen oder mal zusammen in einem Korb liegen. Allerdings muss der Korb auch Rückzugsort sein. Wenn Sie das Gefühl haben, dass einer der Hunde gerne mal seine Ruhe vor dem anderen hätte, dann achten Sie darauf, dass er in seinem eigenen Korb ebenso ungestört bleibt.

Eigentlich ist das Korbtraining sehr einfach – gleichzeitig aber auch ziemlich anspruchsvoll. Sie müssen sich mit Ruhe und Konsequenz die Kontrolle über Ihre Hunde erarbeiten.

Wenn das gelingt, haben Sie sich in den Augen Ihrer Hunde einigen Respekt verdient. Durch das Korbtraining bringen Sie Ruhe und Struktur in den häuslichen Alltag, Ihre Hunde können entspannen und stehen nicht mehr unter Stress. Viele Probleme lösen sich schon dadurch in Luft auf.

Hand in Hand mit dem Korbtraining sollten Sie auch in der übrigen Wohnung die Kontrolle über den gemeinsamen sozialen Raum beanspruchen. Fangen Sie an, deutlich über privilegierte Plätze, wie zum Beispiel das Sofa, zu bestimmen. Ihre Hunde sollten sich auf jeden Fall anstandslos runterschicken lassen, sonst dürfen sie gar nicht erst hoch. Haben sie das Sofa bereits zum Stammplatz auserkoren, müssen sie ihn jetzt erst mal wieder aufgeben.

Das gilt mindestens für die Lernphase, also die nächsten zwei bis drei Monate, ohne Ausnahme. Streitereien um privilegierte Liegeplätze sollten Sie gar nicht erst zulassen – das ist nur unnötiges Konfliktpotential.

Lassen Sie nicht zu, dass einer Ihrer Hunde Bewacher-Positionen bezieht – mitten im Raum, im Flur, unter dem Tisch, genau vor den Füßen der Menschen oder vor der Tür. In dem Fall schicken Sie ihn weg (konsequent, jedes Mal). Bestehen Sie darauf, dass die Hunde den menschlichen Familienmitgliedern aus dem Weg gehen und nicht umgekehrt. Ungestört schlafen können die Hunde in ihren Körben. Die sollen Orte der Ruhe sein, dort sind die Hunde geschützt, auch vor Kindern oder Besuchern und auch vor dem Zweithund.

Tabuzone Küche

Ruhe im Haus

Das Korbtraining ist eine sinnvolle erzieherische Maßnahme – und es gibt den Hunden, was sie unbedingt brauchen, um überhaupt ansprechbar, konzentrationsfähig und lernfähig zu sein, und um Stress abzubauen: ausreichend Schlaf und Ruhe.

Hunde haben ein großes Ruhebedürfnis – erwachsene Hunde schlafen und dösen um die 16 Stunden am Tag. Die Wohnung sollte ein Ort sein, an dem der Hund sich entspannen kann und wo er keine wilde Action erwartet. Drinnen kann er seine Aufmerksamkeit abschalten, braucht nicht ständig aufzupassen – es passiert sowieso nichts Spannendes. Getobt, gerannt und gespielt wird draußen.

Bei zwei Hunden ist das natürlich besonders wichtig. Es kann ganz schnell passieren, dass die Hunde sich ständig wieder aufstacheln, zum Spiel auffordern und nicht zur Ruhe kommen lassen. Und auch wenn viele Menschen es niedlich finden, wenn die Hunde spielen und raufen, kann es einfach zuviel werden.

Welpen und Junghunde sind, genau wie kleine Kinder, oft nicht gut in der Lage, von alleine abzuschalten. Viele spielen tatsächlich bis zum Umfallen. Das Ergebnis kann ein ständig aufgedrehter und nervöser Hund sein, dem es natürlich auch schwer fällt, sich zu konzentrieren, bei Ablenkungen ruhig zu bleiben und so weiter. Viele spätere Erziehungsprobleme haben hier ihren Ursprung.

Ruhe

Nicht nur der Welpe braucht seine Ruhe – und zwar gut 20 Stunden am Tag! Auch der Ersthund muss sich zuhause entspannen können, ohne ständig gestört zu werden. Vor allem ältere Hunde müssen wirklich zuverlässig ihre Ruhe haben können.

Das hat nichts damit zu tun, ob sich die Hunde mögen oder nicht. Gerade wenn sich beide gut verstehen oder der Ersthund sehr gutmütig ist und sich überhaupt nicht gegen die Spielaufforderungen des Nachwuchses wehrt, ist es die Aufgabe des Menschen, für Pausen zu sorgen.

Am einfachsten ist es, ausreichend Gelegenheit zum Spielen und Toben im Freien zu bieten und die Wohnung zur Ruhezone zu erklären. Hier ist Kontaktliegen natürlich gestattet, aber kein Raufen oder Spielen. So muss man nur eine Regel durchsetzen, die für den Hund sehr einleuchtend ist, statt dauernd eingreifen zu müssen.

Hunde, die in der eigenen Wohnung die »Drinnen herrscht Ruhe«-Regel gelernt haben, werden sich natürlich auch in fremder Umgebung damit leichter tun. Sei es in einem Restaurant oder in einer fremden Wohnung. Umgekehrt sind Hunde, die schon in der eigenen, vertrauten Wohnung unruhig sind, in einer fremden Umgebung erst recht aufgeregt. Gerade mit mehreren Hunden kann das wirklich schwierig werden. Einen einzelnen Hund kann man noch irgendwie kontrollieren, bei zweien wird es schnell chaotisch. Wer auch mit zwei Hunden ein gern gesehener Gast sein möchte, sollte also besser schon zuhause Ruhe einüben.

Und Ruhe heißt für mich noch viel mehr. In der vertrauten häuslichen Umgebung abschalten können ist das eine, ich erwarte aber auch, dass meine Hunde unter Ablenkung einfach mal abwarten können und akzeptieren, dass sie gerade nicht dran sind. Übungen, die mit Bleiben und Abwarten zu tun haben, nehmen also großen Raum ein.

Bei mir müssen die Hunde nicht den ganzen Tag in ihren Körben liegen – aber Herumtoben ist auch nicht angesagt.

Ob zuhause, im Café oder bei Besuchen – Ruhe ist erste Hundepflicht.

»Bleib«

Meine Kunden erwarten meistens, dass sie alles Mögliche mit ihrem Hund machen sollen. Das übliche Programm: stramm bei Fuß gehen, zackig ins Platz schmeißen, nur ja schön gerade sitzen – all das sucht man in meinen Stunden aber vergeblich. Dafür gibt's reichlich Nichtstun. Warten. Den anderen Hunden zuschauen und dabei die Klappe halten. Und zwar nicht in angespannter Erwartung, wann man endlich dran ist, sondern einfach ruhig und entspannt. Pause. Ganz besonders, wenn Kunden mehrere Hunde haben, verbringen sie viel Zeit mit solchen Übungen – vom Korbtraining bis zum Spalierstehen beim Gruppentraining, während andere den Abruf unter Ablenkung üben.

Ruhig sitzen bleiben, während ein anderer zu Herrchen saust. Bei dieser Übung muss nicht nur einer arbeiten – für die wartenden Hunde ist es oft sogar schwieriger.

Hunde, die meinen, jeden anderen Hund anbellen zu müssen, stecke ich gerne in den Konfrontationskreis. Das sind einfach zu viele Artgenossen auf einmal! Die meisten Hunde ziehen es dann doch vor, sich zu beherrschen. Natürlich sind sie damit nicht wundersam kuriert. Für die Besitzer ist es aber wichtig, zu erleben, dass ihr Hund durchaus auch anders kann. Der Konfrontationskreis ist genau das Gegenteil von dem, was die meisten Hundehalter mit Pöblern machen: Mitten rein, statt weglaufen.

Auch, wenn Sie so etwas »nicht zur Hand haben« – gehen Sie Konfrontationen nicht aus dem Weg. Fragen Sie andere Hundebesitzer, ob sie ein Stück mit Ihnen zusammen angeleint gehen dürfen, damit Ihr Hund die Chance hat, sich an die Situation zu gewöhnen. Wenn Ihr Hund Jogger oder Fahrräder anbellt, bitten Sie Freunde darum, mit Ihnen zu üben. Wenn Ihr Hund etwas beunruhigend findet, gehen Sie nicht so schnell wie möglich weg, sondern gehen Sie mehrfach ganz ohne Aufhebens Ihrerseits daran vorbei. Zeigen Sie Ihrem Hund, dass all die Dinge da draußen kein Grund sind, sich aufzuregen.

Viele Hunde, mit denen ich zu tun habe, sind nicht in der Lage, sich zu entspannen, erwarten ständige Ansprache, halten ständig nach neuen Reizen Ausschau und reagieren natürlich auch auf alles und jeden. Warum bellt ein Hund jeden anderen Hund an, den er sieht? Weil er schlicht und einfach nicht gelernt hat, dass ihn nicht jeder Hund was angeht. Je seltener er anderen Hunden begegnet, und je mehr Aufhebens der Mensch um jede Hundebegegnung macht, umso mehr steigert sich das natürlich.

Wie kleine Kinder, müssen auch Hunde lernen, dass man manchmal einfach Sendepause hat. Ihr ganzes Wesen ist darauf eingestellt, alles mitzubekommen, jeden Reiz aufzusaugen. Während aber die wenigsten Eltern ihren Kindern die Entscheidung überlassen, wann es Zeit zum Schlafen ist, und allerspätestens in der Schule auch mal Stillsitzen gefordert wird, kommen Hundebesitzer oft gar nicht auf die Idee, diesbezüglich Regeln aufzustellen. Viele

Hunde keinen klar zugewiesenen Schlafplatz. Und da Hunde Schlaf brauchen, um Reize zu verarbeiten – und zwar etwa doppelt soviel wie ein Mensch! – muss man sich nicht wundern, wenn ein Hund, der zuwenig ruht, immer nerviger und aufgedrehter wird. Ein Teufelskreis.

Nun halten aber eine Menge Leute heutzutage auch noch Hunderassen, denen es extrem schwer fällt, abzuschalten. Kein Wunder: Hunde würden ursprünglich für die Arbeit gezüchtet, und man wollte schließlich einen Helfer, der auch mal den ganzen Tag parat steht und nicht mittendrin schlafen geht. Kein Wolf würde das leisten können, was unsere Hunde schaffen! Diese Allzeit-bereit-Mentalität steckt in unseren heutigen Hunden natürlich immer noch drin, vor allem in den Arbeitsrassen. Am auffälligsten ist das Problem bei den Hütehunden, vor allem, weil Border Collie und Australian Shepherd als hübsche und gelehrige Familienhunde so erfolgreich vermarktet werden und allgegenwärtig sind. Gerade diese

Rassen sind aber ausgesprochen empfänglich für Reize, vor allem Bewegungsreize.

Was aber viele Hundehalter nicht wissen: Kein Ausbilder würde seinen Hund schon als Junghund über viele Stunden Bällchen jagen oder über Hindernisse hüpfen lassen, um ihn »auszulasten«! Damit würde er sich den Hund für die Arbeit total verderben. Im Gegenteil: Das erste, was ein guter Arbeitshund lernen muss, ist Ruhe. Da passiert oft tagelang überhaupt nichts. Ein Hütehund, der kläffend die Schafe oder Rinder verrückt macht, oder ein Jagdhund, der in seiner Aufregung das Wild verscheucht, statt mit dem Menschen zusammenzuarbeiten, taugt nicht für die Arbeit. Da ist erst mal Ruhe, Zuschauen, Selbstkontrolle-lernen angesagt.

Es ist auf Hundeplätzen und in Erziehungsratgebern viel die Rede von Impulskontrolle und Frustrationstoleranz. Und trotzdem wird es zuwenig umgesetzt.

Das Warten, bis man selbst endlich dran ist, ist die wichtige Übung – tausendmal wichtiger als alles Hüpfen, Apportieren oder Bei-Fuß-Gehen.

Schlicht und einfach: Ein Hund muss – genau wie wir Menschen auch – lernen, nicht auf jeden Reiz zu reagieren. Einfach mal die »Klappe« halten, ruhig sein und entspannen. Das normalste überhaupt – sollte man meinen.

Viele machen aber genau das Gegenteil: Der Hund dreht immer mehr und mehr auf und man schließt daraus, dass er müde gemacht, also mehr beschäftigt werden müsse.

Beschäftigung ist natürlich wichtig und richtig – wenn sie den Hund geistig fordert.

Leider verstehen viele Leute unter Beschäftigung oder Auslastung aber lebhafte, aufregende Dinge, die den Hund nur noch mehr aufdrehen. Bällchen schmeißen, wilde Spiele, Rennen und Springen – all das führt dazu, dass der Hund immer mehr unter Adrenalin steht und immer weniger zur Ruhe kommen kann. Jede aufregende Tätigkeit muss man auch auffangen, ausgleichen können, den Hund wieder in die Ruhe bringen können. Wenn der Hund im Training immer aufgeregter wird, läuft absolut etwas schief.

Wählen Sie sinnvolle Übungen: Grundkommandos üben, Apportieren oder Suchen, statt Bällchen jagen, Hindernisse nicht nur schnell, sondern auch mal langsam überwinden, immer nur soviel »Dampf« machen, wie der Hund es verträgt. Der Mensch hat dabei die Aufgabe, die Energie des Hundes zu lenken – ihn »hochzufahren« und wieder runter. Gerade bei zwei Hunden wird es hier schon wieder schwierig! Der eine ist vom Wesen her ruhig, schwer

zu motivieren, braucht vielleicht etwas mehr Energie des Menschen – der andere regt sich dadurch aber schnell auf. Das gemeinsame Training so zu gestalten, dass sich nicht einer aufregt und der andere langweilt, ist nicht ganz einfach. Wie gut, wenn der Hund jetzt gelernt hat, abzuliegen und ruhig zu warten, bis er dran ist und auch mal »die Sau raus lassen« darf.

Was Hunde brauchen, um Adrenalin abzubauen, sich zu entspannen und müde zu werden, ist viel Bewegung und geistige Auslastung. Aber ohne ständige Aufregung. Freie Bewegung in ruhigem Tempo, herumschnüffeln, die Gelegenheit, Reize wahrzunehmen und sich damit auseinanderzusetzen. Dazu sinnvolle Ansprache, kurze Übungssequenzen, in denen sich der Hund konzentrieren muss. Einige Kommandos üben reicht oft schon. Wenn man dabei sehr konzentriert und exakt ist, ist das auch für den Hund anstrengend. Aber kein Adrenalin-Dauerbeschuss!

Schließlich würde man einem vierjährigen Kind vor dem Schlafengehen auch nicht Achterbahn fahren lassen, bis es endlich müde wird.

Bei mehreren Hunden ist das Ruhe-Durchsetzen natürlich besonders wichtig und besonders schwierig. Mit der Ankunft des Zweithundes ist es nicht selten mit der Ruhe im Haus vorbei. Wenn einer ruhig ist, fängt der andere wieder an, animiert, nervt oder stört. Wer jetzt nicht für Ruhe sorgen kann, hat ein Problem.

Das sind nun schon eine Menge gute Gründe, die Ruhe, das Abschalten zu üben, dem Hund zu Liebe. Obendrein ist »Bleib« – beim Korbtraining ist es schon angeklungen – aber auch noch eine der wichtigsten Erziehungsmaßnahmen überhaupt.

Viele Hundebesitzer haben die Vorstellung, der Rudelführer sein zu wollen. Oder erklären, sie hätten ein »Dominanz-Problem« mit ihrem Hund. Diese vereinfachten Denkmodelle führen dazu, dass der Hund für jede Regung gedeckelt und gemaßregelt wird – und dadurch schlicht immer ratloser und unsicherer wird. Dabei geht es in der Mensch-Hund-Beziehung nicht um Rudelführung und Dominanz. Hunde sind Opportunisten, sie wollen einfach ein angenehmes Leben haben und hegen keine Allmachtsphantasien.

Sie sind daher schnell bereit, Regeln und Führung zu akzeptieren, wenn – und nur wenn

Der Beagle will nicht über das Sofa herrschen, der will's halt bequem. Kein Problem, solange er sich auch dazu bequemt, auf Herrchen zu hören. Allerdings: Vereinfachende Dominanztheorien abzulehnen, sollte auch nicht dazu führen, sich gar keinen Respekt mehr zu verschaffen.

– diese für sie verständlich sind. Regeln ermöglichen es dem Hund, sich sicher zu fühlen, und das ist das wichtigste Bedürfnis überhaupt. Man kann einen Hund nun mal nicht ein für alle Mal unterwerfen und fortan kann er unsere Gedanken lesen und wird alles befolgen, was wir von ihm erwarten. So ticken Hunde nicht, und es steckt auch nicht in ihrem wölfischen Erbe, im Gegenteil.

Für Hunde zählen viele Kleinigkeiten, Details, die wir oft nicht mal wahrnehmen. Wenn wir als Menschen den Hund von unserer Fähigkeit, zu führen, überzeugen wollen, müssen wir uns also etwas geschickter anstellen. Und das einfachste Mittel überhaupt ist, die Kontrolle über den sozialen Raum auszuüben. Das ist bei Menschen nicht anders: Nicht umsonst gibt es Ausdrücke wie »Aus der Reihe tanzen« oder »Auf den Platz verweisen« und »Grenzen setzen«.

Zu akzeptieren, einfach mal liegen zu bleiben, hat
viel mit Selbstbeherrschung und Respekt zu tun.

Ich bin der, der sagt: Bleib genau da liegen. Bewege dich genau dort hin. Akzeptiere die Begrenzung der Leine. Überlasse das Bewachen unseres sozialen Raumes mir. In dem ich dem Hund geduldig, aber beharrlich zeige, dass ich den sozialen Raum strukturiere und kontrolliere, erlange ich auch Kontrolle über den Hund, ohne ihn »unterwerfen« zu müssen. Ganz einfach – wenn man konsequent vorgeht.

Kontrolle klingt natürlich nicht gut in den Ohren vieler Hundehalter. Zumal Kontrolle tatsächlich auch mal bedeutet, Grenzen zu setzen. Klipp und Klar zu sagen: Bis hierhin und nicht weiter! Sich auch mal durchzusetzen. Das wollen viele Hundehalter nicht, möchten ausschließlich positiv arbeiten, lieb und nett zu ihrem Hund sein.

Kontrolle schließt positives Arbeiten über Belohnung aber gar nicht aus, im Gegenteil. Wer wirklich konsequent vorgeht, kann alles über Belohnung und Bestätigung erreichen.

Konsequenz heißt aber, dass es nicht reicht, zu belohnen, wenn der Hund dem Kommando folgt, und nichts zu tun, wenn er es nicht tut. Es bedeutet, wirklich auf der Ausführung zu bestehen, egal, wie oft man korrigieren muss, den Hund wieder und wieder in den Korb zurückbringen oder ins Platz bringen muss. Konsequenz bedeutet Klarheit und Hartnäckigkeit.

Wer von Anfang an konsequent ist, muss selten Grenzen deutlicher setzen (»nie« möchte ich nicht behaupten).

Wer aber zugelassen hat, dass der Hund seine Führung komplett ignoriert und sich zum Beispiel bellend in die Leine schmeißt, muss erst einmal erreichen, dass der Hund ihn und die

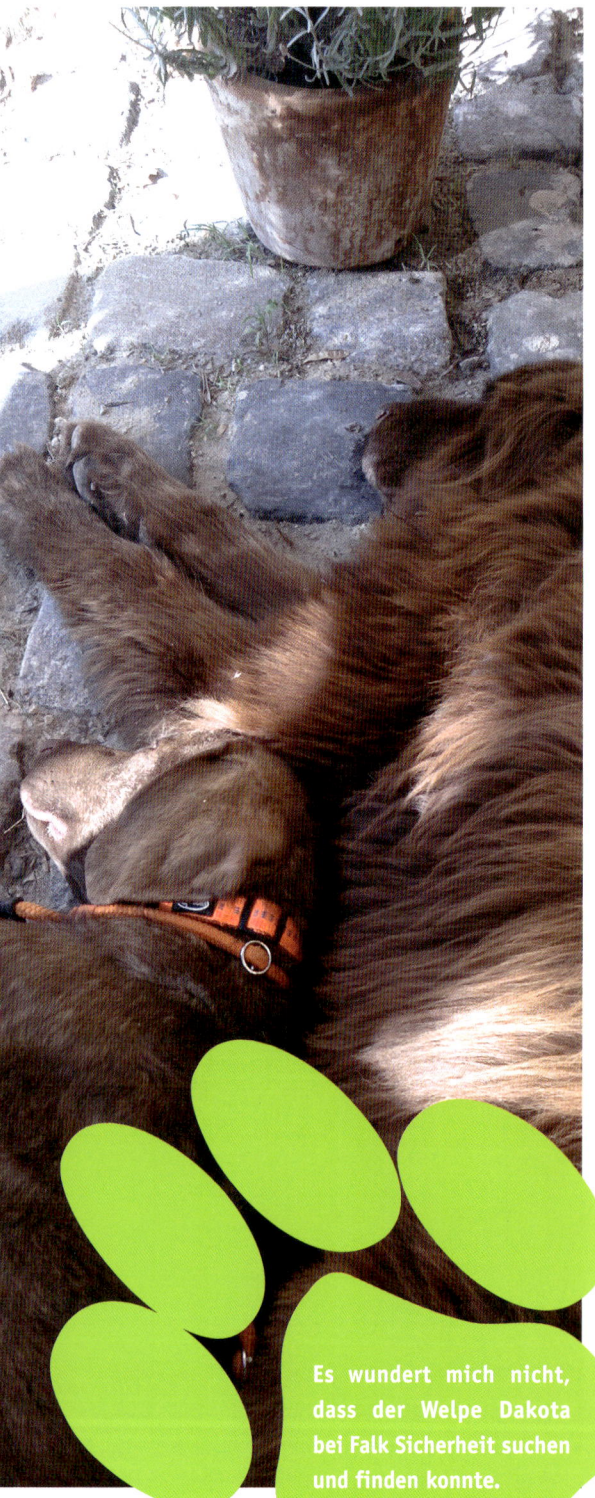

Es wundert mich nicht, dass der Welpe Dakota bei Falk Sicherheit suchen und finden konnte.

Begrenzung durch die Leine überhaupt wahrnimmt. Und das darf und sollte auch einmal über eine klare Zurechtweisung geschehen: ein kurzes Signal an der Leine, ein körperliches Abblocken, ein klares Nein! – sofort gefolgt von positiver Bestätigung, wenn der Hund wieder aufmerksam ist. Ich kann nicht erwarten, dass der Hund mich ernst nimmt, wenn ich mich als hilfloses Anhängsel herumzerren lasse, aber auch nicht, wenn ich völlig überzogen oder nachtragend reagiere.

Den sozialen Raum zu kontrollieren bedeutet, die kleinschrittig, konsequent und positiv etablierten und erklärten Grenzen, wenn es sein muss, auch mal deutlicher einzufordern. Ruhig, ohne wütend oder laut zu werden, aber glasklar und unmissverständlich.

Als Mehrhundehalter kann ich mir jeden Tag ansehen, wie Hunde das unter sich machen. Falk hat es nicht nötig, den jungen Dakota pausenlos zu maßregeln. Aber wenn Dakota ihm auf die Nerven geht oder sich seinem Kauknochen nähern will, gibt es eine Warnung und wenn das nicht reicht (schließlich ist Dakota ein selbstbewusster Junghund, der Grenzen eben auch immer wieder testet) eine blitzschnelle Zurechtweisung. Und dann ist alles wieder gut – und nicht selten überlässt Falk dem jüngeren ein paar Minuten später seinen Kauknochen. Er hat es nicht nötig, Dominanzspielchen zu spielen, nichts könnte Falk gleichgültiger sein, als wer zuerst durch die Tür geht. Aber er hat seine Grenzen, klipp und klar.

Übungen für 2

WARTEN, WÄHREND
DER ANDERE AN DER
LEINE GEHT.

Ich lege Wert darauf, die Hunde einzeln zu trainieren und unabhängig voneinander mit ihnen zu arbeiten. Das heißt, ich übe oft mit einem der Hunde, während der andere wartet. Das ist allerdings für den wartenden Hund ebenfalls eine anspruchsvolle Übung und muss langsam aufgebaut werden.

Fangen Sie mit ganz kleinen Schritten an. Üben Sie erst einmal ohne Ablenkung und ohne Anwesenheit des anderen Hundes. Das Signal für Bleib!, die zum Hund gestreckte Handfläche, sollte bereits bekannt sein.

Am Anfang leistet ein Erdhaken gute Dienste. Dann haben Sie immer eine Anbindemöglichkeit zur Hand. Das Anbinden verhindert, dass der Hund sich selbst belohnen kann, indem er hinter Ihnen herläuft, auch wenn er aufsteht. Bringen Sie ihn dann einfach wieder ganz ruhig ins Platz oder Sitz.

Bleiben Sie in der Nähe, drehen dem Hund den Rücken zu. Anfangs verbunden mit dem Bleib!-Signal, später lernt der Hund, dass Ihre Rückansicht bedeutet: Warte!

Sobald der Hund ruhig wird, lösen Sie auf und holen ihn wieder ab. Nach und nach können Sie die Distanz und die Dauer steigern, aber in ganz kleinen Schritten. Je kleinschrittiger Sie aufbauen, umso erfolgreicher das Training. Wichtig ist, den Hund möglichst nicht direkt anzuschauen, wenn er unruhig wird oder z.B. bellt, sondern das Ruhig-Werden mit Aufmerksamkeit zu belohnen.

Wenn der andere Hund dabei ist und Sie sich mit ihm beschäftigen, wird es natürlich wieder sehr viel schwieriger. Dann müssen Sie erneut einige Schritte zurückgehen und Distanz und Dauer wieder verringern.

Können Sie gleichzeitig mit beiden Hunden üben, aber dabei beide unabhängig ansprechen? Einen Sitz, den anderen Platz machen lassen usw.?

Den Grundstein haben Sie mit dem Namenstraining gelegt. Und Ihr Hund weiß schon, dass er nur gemeint ist, wenn Sie sich ihm zuwenden. Das können Sie nun natürlich immer weiter ausbauen und verfeinern.

Zuerst wird angebunden geübt

Zu Anfang noch mit Signal. Später soll der Hund aber auch liegen bleiben, wenn er sich nicht beobachtet fühlt.

Die Hunde haben gelernt, dass Sandras Rücken »Bleib!« bedeutet.

Warten, während der andere spielt.

Beide Hunde sitzen, während Sandra um sie herumläuft.

Abwechselnd ansprechen mit einer Drehbewegung im Körper. Die Hunde lernen: Der zugewandte Rücken bedeutet, es passiert nichts, ich bin nicht gemeint.

Spielereien mit zwei Hunden. Im Kern geht es immer um die Frage, wie weit man die Hunde auch unabhängig präzise ansprechen kann. Dazu kann man sich alle möglichen Übungen ausdenken.

Hier fordere ich Falk und Siska abwechselnd zum
Bellen auf.

An der Leine

Die Leine ist kein Instrument, um die Hunde zu beschränken, zu gängeln, zu steuern oder zu halten. Zumindest sollte sie das nicht sein. Für viele Hundehalter ist die Leine aber genau das. Die Leine dient nur dazu, das Weglaufen zu verhindern und den Hund zu zwingen, dem Mensch zu folgen. Das sollte aber nur für den Notfall gelten, als letzte Rückversicherung, zur Sicherheit des Hundes.

Was die Leine eigentlich, hauptsächlich ist oder sein sollte: Symbol und Ausdruck für den wichtigsten Baustein der Erziehung: die Bindung. Die Leine ist ja genau das: eine Verbindung. An der Leine zu gehen heißt, im gleichen Tempo, in der gleichen Richtung, mit dem gleichen Ziel unterwegs zu sein. Zusammen, ganz nah. Synchron. Aneinander gebunden im positiven Sinne.

Nehmen Sie sich einen Moment Zeit, darüber nachzudenken, wie Sie das Gehen mit den angeleinten Hunden erleben. Angenehm, ruhig, entspannt – oder angespannt, gestresst, unangenehm?

Sie können zu 100 Prozent davon ausgehen, dass es Ihren Hunden genauso geht. Sind Ihre Hunde an der Leine schwer zu handhaben, ziehen, sind vielleicht sogar leinenaggressiv?

Zu einem nicht unbeträchtlichen Teil können Sie das beeinflussen, indem Sie Ihre eigene innere Einstellung verändern. Die Leinen anzulegen, darf nicht heißen, dass jetzt der unangenehme Teil des Spazierganges beginnt. Gehen Sie mit einer positiven Einstellung an die Leine heran!

Natürlich ist das nicht leicht, wenn die Situation bereits verfahren ist. Eine schlechte Leinenführigkeit bedeutet, dass auf allen Ebenen der Erziehung etwas falsch läuft.

Kommunikation? Es wird gezogen, statt mit dem Hund zu kommunizieren.

Aufmerksamkeit? Ein Hund, der zieht oder auf alles Mögliche heftig reagiert, blendet seinen Halter aus und achtet nicht auf ihn.

Aktion – Reaktion? Ein Hund, der es schafft, seinen Halter hinter sich herzuziehen, hat dieses Prinzip ganz klar auf den Kopf gestellt.

Konsequenz? Hund zieht, Mensch folgt. Jedes Mal. Wenn das nicht konsequent ist.

Spaß? Mir würde das keinen Spaß machen! Bindung? So ist die Leine keine positive Verbindung, sondern unangenehm für beide.

Seien Sie ehrlich mit sich selbst. Auch, wenn es bei Ihnen ganz gut läuft – es lohnt sich, immer besser und besser zu werden. Es sind die Details, um die es geht.

Machen Sie sich mal eine mentale Strichliste beim Spaziergang:

- Wie oft haben Sie die Leine fest in der Hand oder sogar ums Handgelenk gewickelt?
- Wie oft müssen Sie nachfassen, umgreifen, entwirren?
- Wie oft kommt Zug auf die Leine?
- Wie oft bleibt der Hund (oder bleiben die Hunde) von sich aus stehen oder zieht irgendwo hin?
- Wie oft reagiert er auf Reize – zieht hin, wird aufgeregt, bellt?
- Wie oft müssen Sie aktiv korrigieren?
- Wie oft mussten Sie Kraft einsetzen?
- Wie oft haben Sie nachgegeben, einen Schritt, eine Armlänge?
- Ist das nicht kleinlich? Ja, ist es. Man kann nur besser werden, wenn man auf die Kleinigkeiten achtet. Lassen Sie die Negativ-Strichliste immer weniger werden und machen Sie dafür die positive voll.
- Wie oft haben Sie die Hunde betont freigegeben (ganz ohne Leine oder an der betont langgelassenen Leine), damit Sie schnuppern können – statt irgendwohin gezogen zu werden?
- Wie oft konnten Sie die Leine(n) ein ganzes Wegstück lang in der lockeren, offenen Hand halten?
- Wie oft konnten Sie den Hund verbal oder mit einem leichten Leinensignal aufmerksam machen und bei sich halten, ohne dass Zug auf die Leine kam?
- Wie oft konnten Sie die Richtung ändern, ohne dass Zug auf die Leine kam – nur mit einer klaren Körpersprache und einem verbalen oder Leinensignal?
- Wie oft ist Ihr Hund einfach an einer Ablenkung vorbeigegangen, ohne mehr zu machen, als hinzuschauen?

Letzteres ist für Hundehalter, die erst anfangen, bewusst an der Leinenführigkeit zu arbeiten, immer ein ganz großes Erlebnis. Ich höre dann oft: Heute sind wir an drei Hunden vorbeigekommen! Oder an zwei Fahrrädern. Oder fünf Joggern.

Dabei ist das doch eigentlich das normalste der Welt. Den Hund an die Leine zu nehmen, soll einfach bedeuten: Du und ich, wir gehen jetzt da lang, und alles andere geht uns nichts an. Der verspielteste Hund kann das sehr schnell lernen, wenn Sie konsequent sind: An der Leine passiert nichts. Es gibt keinen Kontakt. Auch unsicheren Hunden gibt das Sicherheit. Nehmen Sie den Hund an Ihre Seite, schirmen Sie ihn ab, gehen Sie weiter.

Wenn Ihr Hund sehr stark auf alles Mögliche reagiert, dann zeigen Sie ihm, dass es nichts zu reagieren gibt. Achten Sie selbst gar nicht auf die Radfahrer, die Jogger, die Hunde. Schauen Sie nicht mal hin. Gehen Sie einfach weiter. Keine Aufregung, kein Stress, kein Gehampel. Wie soll der Hund lernen, ruhig zu sein, wenn Sie es nicht sind? Ihre Hunde wissen nicht, dass an der Leine andere Regeln gelten, als ohne. Das können sie nur lernen, wenn Sie selbst die Regeln klar und konsequent umsetzen.

ZWEI HUNDE – DOPPELTER LEINENSALAT!

Wenn die Leinenführigkeit nicht klappt, macht es mit zwei Hunden wirklich keinen Spaß mehr. Einer zieht, einer trödelt, beide ziehen in unterschiedliche Richtungen – da kann man als Hundeführer dann nicht mehr viel machen, als irgendwie gegen zu halten, was es nur immer schlimmer macht. Auch an der Leine müssen Regeln gelten. Mit zweien natürlich erst recht.

REGEL NUMMER 1: NICHT ZIEHEN

Nie. Und zwar weder Mensch noch Hund!

Es gehören immer zwei zum Ziehen an der Leine, das vergessen viele Hundehalter. Es ist nicht der Hund allein – würde sich der Mensch nicht ziehen lassen, gäbe es nichts zu ziehen. Ganz einfach. Es fällt mir ehrlich gesagt im Traum nicht ein, mich durch die Gegend zerren zu lassen. Vielen fehlt allerdings diese innere Entschlossenheit. Dann heißt es oft: »Er will halt so gern dahin« und ähnliche Entschuldigungen. Wenn Sie Ihren Hund irgendwohin lassen wollen, dann tun Sie das, lösen Sie die Leine oder lassen Sie sie ganz lang. Aber lassen Sie sich nicht hinterschleifen wie ein totes Gewicht. Entweder – oder, Klarheit ist auch an der Leine das Wichtigste.

Führen Sie klar und deutlich. Wenn Sie gehen, gehen Sie, wenn Sie stehen, stehen Sie. Lassen Sie sich nicht herumziehen, auch nicht nur einen halben Meter, auch nicht widerwillig und mit Widerstand, sondern gar nicht. Das ist mit einem Hund schon die eiserne Grundregel, mit zweien haben Sie verloren, wenn Ziehen eine Option ist.

Selbst wenn Sie zwei kleine Fliegengewichte an der Leine haben, die Sie locker festhalten können – wenn beide in verschiedene Richtungen ziehen, wird es endgültig chaotisch. Nicht nur für den Hundeführer. Auch Hunde, die ziehen, haben permanenten Stress.

Warum ziehen Hunde dann überhaupt? Weil sie keine andere Möglichkeit gelernt haben, ganz einfach. Weil sie die Begrenzung durch die Leine nicht verstehen und nicht akzeptieren. Es ist zu Anfang völlig normal, dass der Hund etwas sieht, hört oder riecht und sich dorthin bewegen will. Die Leine hält ihn zurück – sich dagegen zu stemmen, ist für den Hund erst mal die völlig logische Reaktion. Wenn das Ziehen nun zum Erfolg führt und der Hund seinem Ziel näherkommt, wurde das Ziehen belohnt, und der Hund wird beim nächsten Mal wieder ziehen. Die meisten Hundehalter bringen schon ihrem Welpen sehr konsequent das Ziehen bei – nur um sich den Rest seines Lebens darüber zu ärgern.

Bevor der Hund also seinem Ziel näherkommen kann, fordern Sie stets eine lockere Leine ein: Durch Ansprechen, damit er sich zurückorientiert, durch einen abrupten Richtungswechsel, durch einige Schritte rückwärts oder durch ein kurzes Nachgeben und ein Leinensignal aus dem Handgelenk, um den Hund aufmerksam zu machen.

Sobald er Blickkontakt aufnimmt, loben Sie – mit einem freundlichen Lächeln und ggf. einer Belohnung, und gehen ruhig weiter.

Je nachdem, wie gründlich Ihr Hund das Ziehen bereits gelernt hat, kann es eine Weile dauern, bis es wirklich klappt – und die meisten Hunde werden schnell wieder rückfällig. Hier ist absolute Konsequenz gefragt, egal, welche Methode oder welche Kombination daraus Sie wählen.

Das ist natürlich sehr schwierig, wenn Sie zwei Hunde gleichzeitig an der Leine haben. Sie müssen gezielt denjenigen ansprechen können, der gerade zieht – die individuelle Ansprache zu üben, ist also sehr wichtig. Gehen Sie so oft es geht einzeln mit den Hunden, damit Sie wirklich konsequent arbeiten können.

Anoki läuft gut und ist aufmerksam. Ines spricht ihn an (siehe Namenstraining) und belohnt.

Gegenhalten ist nicht der richtige Weg. Anoki achtet nicht auf Linda, stemmt sich in die Leine, sie hält dagegen. Besser wäre: kurz nachgeben, um ein Leinensignal zu geben, rückwärts gehen oder eine Kehrtwende machen.

Anoki achtet nicht auf mich und will sich wie gewohnt in die Leine werfen, um zu Falk hinzuziehen. Noch bevor überhaupt Zug auf die Leine kommt, wird er von einer schnellen Kehrtwende überrascht.

Danach ist er aufmerksamer und reagiert viel besser. Dazu muss er kein Kommando lernen und nichts üben – er musste einfach nur herausfinden, dass ich gar nicht daran denke, auf ihn zu reagieren. Mehr ist nicht nötig, ich wirke überhaupt nicht aktiv auf Anoki ein. Wichtig: Die Leine ist lang genug, dass sie sofort wieder locker ist, sobald sich der Hund mir zuwendet und mir folgt. Unter Dauerzug kann der Hund nicht lernen, schnell zu reagieren!

Es ist ein typisches Beispiel für das Prinzip Aktion-Reaktion. Ein ziehender Hund hat gelernt: Ich ziehe, und der Mensch kommt hinterher. Drehen Sie den Spieß um. Der Hund muss dahin gehen, wo Sie hingehen. Und zwar nicht, weil Sie ihn an der Leine hinterherziehen, sondern weil er Ihnen folgt.

Damit das möglich ist, muss er überhaupt folgen können – er muss genug Raum haben, um sich selbstständig auf seinen vier Pfoten zu bewegen. An einer gestrafften Leine geht das nicht! An einer straffen Leine ist überhaupt keine Kommunikation möglich.

REGEL NUMMER 2: DIE LEINE MUSS IMMER LOCKER SEIN

Dafür ist die eine Voraussetzung, dass der Hund nicht zieht. Und die zweite, dass Sie auch nicht ziehen, sondern mit dem Hund kommunizieren. Die Leine ist nicht dazu da, zu lenken oder den Hund dahin zu bugsieren, wo Sie ihn haben wollen.

Hier passiert Ines ein typischer Fehler. Karlo soll nach innen, Anoki nach außen. Am besten wäre es, ein paar Schritte zu gehen, die Hunde aufmerksam zu machen und an der lockeren Leine an die richtigen Plätze zu dirigieren. Die Hunde wie Marionetten einfach an der Leine hoch zu lupfen und an der gewünschten Stelle absetzen zu wollen, funktioniert nicht, und bringt auch keinerlei Lerneffekt für die Hunde.

Helikoptergriff

Die Leinen liegen immer locker in der Hand. Kein Kraftaufwand, kein verkrampftes Festhalten. Wenn Sie doch mal kurz in die Leine greifen müssen, um den Hund zurückzuhalten, achten Sie darauf, sofort wieder locker zu werden und den Griff zu lösen. Denn Druck überträgt sich auf den Hund und verursacht ihm Stress.

Wenn Sie das Gefühl haben, dauernd die Leinen umklammern zu müssen, dann muss die Ursache dafür abgestellt werden. Die ist meistens mangelnde Aufmerksamkeit und fehlender Respekt des Hundes, der schlicht nicht gelernt hat, sich nach Ihnen zu richten.

Richtig

Achten Sie darauf, dass Sie im Arm und Handgelenk locker sind. Das geht nur, wenn der Arm locker und gerade aus der Schulter hängen kann, mit dem Handrücken nach vorne.

Falsch

Sobald der Arm verdreht wird und die Handfläche nach innen zeigt, wird es verkrampft und es entsteht durch die Winkelung des Ellenbogens Zug nach oben. Achten Sie darauf und korrigieren Sie die Handhaltung, dann werden die Hunde sofort lockerer laufen.

Wenn sich die Hunde gegenseitig ständig überholen oder den Weg abschneiden, ist natürlich an entspanntes Gehen nicht zu denken. Um bei zwei Hunden korrigierend eingreifen zu können, sollten Sie einzeln intensiv vorarbeiten, damit Sie die Hunde ansprechen und dazu auffordern können, schneller oder langsamer zu gehen.

Hier ist Konsequenz und Geduld gefragt! Es erfordert einfach Übung, für die Hunde und den Menschen.

Wenn Ihr Hund nicht da läuft, wo Sie ihn haben wollen, dann sprechen Sie ihn zuerst an oder machen Sie ihn mit einem Leinensignal aufmerksam. Dann können Sie ihm zeigen, wo er gehen soll. Und zwar ordentlich neben Ihnen an der lockeren Leine. Kein Kraftaufwand, keine fünfmal um die Hand geschlungene Leine – das sind alles Anzeichen, dass Sie die Leine zum Lenken und Ziehen einsetzen, statt Ihrem Hund zu zeigen und zu erklären, was Sie von ihm wollen.

Eine dauerhaft lockere Leine bekommen Sie am ehesten, wenn Sie selbst locker und relativ flott gehen. Langsames Gehen ist für die Hunde schwierig. Hunde bewegen sich normalerweise nicht so vorwärts! Ein flotter Gang macht aufmerksam, motiviert und lässt einfach nicht soviel Zeit für irgendwelchen Blödsinn. Statt von Grashalm zu Grashalm zu schleichen (oder gar sich ziehen zu lassen!), gehen Sie lieber ein Stück mit Energie und Körperspannung – und erlauben dann eine Schnupperpause im Freilauf oder an der langen Leine – immer mit dem Freigabekommando natürlich!

Pausen zum Schnuppern und Entspannen an der langen Leine oder im Freilauf gehören dazu. Freigabekommando nicht vergessen!

REGEL NUMMER 3: KEIN VORBEIDRÄNGELN

Ob Sie Ihre Hunde lieber links oder rechts führen, ist Geschmacksache. Aber: Die Hunde gehören an die Seite. Die Tatsache, dass Sie vorgeben, wo die Hunde laufen sollen, definiert den gemeinsamen sozialen Raum. Ebenso wie das Korbtraining bringt Ihnen das den Respekt der Hunde ein.

Anoki läuft grundsätzlich gut an der Leine, aber unter großer Ablenkung will er vorbeidrängeln. Ines versucht ihn davon abzuhalten, indem sie ihn zurück auf seinen Platz ziehen will. Das vergrößert den Stress für den Hund natürlich noch (siehe auch Seite 134!). Er kann ja gar nicht richtig reagieren, selbst wenn er ansprechbar wäre – er hängt hilflos in der Leine.

Es ist nicht nur praktisch und angenehm, wenn Sie nicht über Ihren eigenen Hund stolpern oder dauernd die Leine von rechts nach links wechseln müssen. Es hat auch viel mit Respekt und Sicherheit zu tun. Wenn Sie Ihren Hund an etwas vorbeiführen wollen, was ihn verunsichert oder aufregt – z.B. ein fremder Hund – dann ist es enorm hilfreich, wenn Ihr Hund

Nach solchen Aktionen reagiert sich Anoki mit Leinebeißen ab. Kein Wunder, dass er sich gegen die Einschränkung wehrt – es gibt ja aus seiner Sicht keinen anderen Ausweg aus dem unangenehmen Zug. Die Situation war unverständlich und unlösbar für ihn.

gelernt hat, dass Sie ihn abschirmen. Er kann nicht an Ihnen vorbei – und daraus schließt er, dass auch die vermeintliche Gefahrenquelle nicht an Ihnen vorbei kommt. An Ihrer Seite ist er sicher. Diese drei Grundregeln sollten Sie ganz klar mit den Hunden einzeln erarbeiten und immer wieder festigen. Sobald Sie zwei an der Leine haben, werden Sie immer mehr Aufmerksamkeit für den schlechter ausgebildeten brauchen. Damit der »bessere« nicht anfängt zu schludern, braucht er auch immer wieder mal eine Übungssequenz einzeln.

Besser ist es, Anoki körperlich davon abzuhalten, sich vorbei zu drängeln. Ich laufe einfach weiter und stelle ihm mein Bein in den Weg. Anoki, der es gewohnt ist, dass Frauchen ausweicht und nicht er, rennt dagegen und ist ziemlich überrascht. Das hat nachhaltige Wirkung. Die Begrenzung durch Bein bzw. Körper ist für den Hund wesentlich einfacher zu verstehen als der Rückwärtszug an der Leine.

Zu zweit bekommt immer Anoki die ganze Aufmerksamkeit, Karlo ist Nebensache. Hier ist Anoki angebunden und muss warten, während Ines mit Karlo an der Leine arbeitet. Das ist für beide Hunde eine gute Übung. Karlo neigt dazu, sich immer ein bisschen zurückfallen zu lassen, er lässt lieber Anoki vorangehen. Ohne Anoki muss Ines ihn motivieren und selbst diejenige sein, die ihm Sicherheit gibt. So, wie sie es auch tun sollte, wenn Anoki dabei ist.

Konzentriert
und aufmerksam

KURZE LEINE – LANGE LEINE

Es ist im Alltag weder möglich noch sinnvoll, die Hunde ständig hundertprozentig korrekt neben sich zu führen. Sie sollten dazu in der Lage sein – im Straßenverkehr zum Beispiel. An der kurzen Leine ist Aufmerksamkeit gefordert. Die Hunde haben wenig Spielraum, entsprechend wenig Zeit, zu reagieren und müssen sich daher konzentrieren. Das will erarbeitet und geübt werden, und zwar in häufigen, kurzen Sequenzen – einzeln und zu zweit.

Im Alltag ist es aber genauso wichtig, die Hunde auch mal locker an der längeren Leine führen zu können. Beides sollte ganz klar unterschieden werden – mit einem Kommando, z.B. »und lauf«. An der längeren Leine dürfen die Hunde schnuppern und müssen weniger aufmerksam sein.

Auch darin steckt natürlich Arbeit! Wenn die Hunde weniger aufmerksam sein müssen, heißt das nicht, dass sie gar nicht aufpassen sollen, unkontrolliert hin und her laufen oder

Entspannung an der langen Leine.

Dakota und Falk dürfen sich an der Leine ganz entspannt um mich herum bewegen.

ziehen dürfen. Den Respekt vor dem Leinen-radius müssen Sie auch wieder einzeln mit den Hunden an der langen Leine, am besten einer 5 Meter Schleppleine, erarbeiten. Wie das geht, finden Sie ausführlich in den vorangegangenen Büchern beschrieben. Wenn die Grundlage mit den Hunden einzeln geschaffen ist, machen Sie es mit zweien genauso:

Gehen Sie klar und deutlich Ihren Weg (Sie entscheiden, wie schnell Sie gehen, ob und wo Sie anhalten, auch an der langen Leine) und

nutzen Sie deutliche Stopps und Richtungswechsel, um eine Grundaufmerksamkeit zu erhalten und die Leine als Begrenzung

Wenn einer der Hunde das Ende der Leine erreicht, BEVOR er ins Ziehen kommt, sprechen Sie ihn kurz an und wechseln abrupt die Richtung oder gehen ein paar Schritte rückwärts. Und zwar solange, bis beide Hunde sich wieder an Ihnen orientieren.

Dakotas Leine ist mittlerweile deutlich gespannt, er hat etwas Interessantes auf der Wiese entdeckt und kümmert sich nicht mehr um mich. Ich möchte, dass er jetzt wieder auf mich achtet und gehe, um das zu erreichen, ein paar Schritte rückwärts. Falk ist bereits aufmerksam.

Es ist klar, dass das mit zwei Hunden nur klappt, wenn Sie die Grundregeln einzeln erarbeitet haben. Wenn Ihre Hunde einzeln den Leinenradius nicht akzeptieren, dagegen ziehen und Ihnen unkontrolliert vor die Füße laufen, wird es zu zweit chaotisch. Dann ist schlicht und einfach Einzeltraining angesagt.

Durch diese Arbeit lernen die Hunde, immer einen Teil ihrer Aufmerksamkeit beim Menschen zu haben. Das schafft zum einen gute Voraussetzungen für den Freilauf, zum anderen können Sie das Training an der kurzen Leine darauf aufbauen.

Richtungswechsel

WER LÄUFT INNEN, WER AUSSEN?

Ich führe grundsätzlich beide Hunde auf derselben Seite.

Es ist sinnvoll, festzulegen, welcher Hund innen und welcher außen läuft, sobald Sie die Leinen kürzer nehmen, und es dabei zu belassen. Denn die Hunde sollen sich nicht gegenseitig abdrängen und müssen wissen, wer wohin gehört.

Meistens ergibt es sich so, dass der Hund, der zuerst da war, innen läuft. Ganz einfach deshalb, weil Sie mit ihm schon geübt haben und er es gewöhnt ist, direkt neben Ihnen zu laufen. Es ist immer einfacher, etwas neu zu erlernen, als umzulernen.

Es gibt Hunde, die von sich aus gerne näher am Menschen laufen, andere fühlen sich mit etwas Abstand wohler. Im Alltag lasse ich den Hunden gerne diese Vorliebe – es geht ja nicht darum, wie auf dem Hundeplatz, möglichst dicht am Bein zu laufen. Wenn Sie erkennen können, dass einer Ihrer Hunde lieber etwas mehr Individualdistanz – zu Ihnen oder zum anderen Hund – einhalten möchte, dann lassen Sie ihn außen gehen und erlauben Sie ihm etwas Abstand. Mit der Zeit können Sie daran arbeiten, dass die Hunde näher beisammen laufen.

Es kann ebenso sinnvoll sein, den anstrengenderen Hund nach innen zu nehmen, den ruhigen nach außen, weil man über den inneren mehr Kontrolle hat. Aber es wird schwierig,

Erster Versuch. Der äußere Hund geht auf Abstand, das ungewohnte Training verunsichert ihn noch.

wenn der innere ständig am äußeren vorbei-drängen will, weil er etwas Aufregendes gese-hen hat.

Oft sortieren sich die Hunde selbst. Nehmen Sie einfach beide mit relativ langer Leine auf eine Seite und marschieren Sie flott los. Dabei ergibt sich meistens schon eine Marschord-nung. Bleiben Sie bei der von den Hunden bevorzugten Anordnung, das macht vieles leichter.

An der Leine wird natürlich nicht herumgekas-pert, gespielt oder sich gegenseitig geärgert! Mit einem Welpen oder Junghund bzw. einem Hund, der die Leinenführigkeit noch nicht kennt, kann man das natürlich immer nur in kurzen Sequenzen üben. Fangen Sie minuten-weise an! Wenn das Gehen an der Leine in Stress ausartet, wird es nur immer schlechter und schlechter.

Ein Hund, der mit dem ruhigen Gehen an der Leine noch Probleme hat, braucht Einzeltrai-ning. Auch, um den anderen Hund zu schonen! Achten Sie darauf, dass der unproblematische Hund nicht von der Unruhe angesteckt wird und muten Sie ihm nicht zu viel zu.

Generell sollten Sie auf Anzeichen von Stress und Unsicherheit achten: Hochspringen, in die Leine beißen, nach dem Mensch oder dem anderen Hund schnappen, aber genauso auch, wenn ein Hund immer langsamer wird und quasi versucht, sich unsichtbar zu machen. Auch das ist ein Zeichen von Stress.

Anoki reagiert Stress ab. So ein Verhalten sollte man unterbinden – aber es auch als Symptom dafür ernst nehmen, dass etwas nicht stimmt! Auf Dauer legen sich solche Verhaltensweisen nur, wenn sich der Hund an der Leine wohl fühlen kann. Dazu muss vor allem der Mensch ruhig und locker werden.

ZWEI HUNDE – ZWEI LEINEN

Wenn die Hunde die Grundlagen begriffen haben, kann man beide Leinen in einer Hand führen, aber jeden an einer eigenen Leine, ohne Koppel.

Ich halte beide Leinen in einer Hand – aber so, dass ich sie immer sofort wieder richtig einzeln in die Hand nehmen kann. Mit dieser Leinenführung (und etwas Übung) kann man individuelle feine Signale mit einer kurzen Drehung im Handgelenk geben.

Zum Üben, solange die Hunde noch deutliche Ansprache brauchen oder in heiklen Situationen ist es besser, die Leinen mit beiden Händen zu führen. Wenn die Hunde links gehen, liegt die Leine für den inneren Hund in der rechten Hand, die für den äußeren in der

linken. Es braucht etwas Übung, mit beiden Händen unabhängig voneinander zu agieren und im Körper gerade zu bleiben. Unterschätzen Sie den Konzentrationsaufwand für sich und die Hunde nicht, und üben Sie in kurzen Sequenzen.

Viele Halter führen einen Hund links und einen rechts. Ich kann davon nur abraten. Das gibt immer Durcheinander und Wirrwarr. Oft hängt der Mensch hilflos dazwischen. Sobald Sie sich zu einem Hund wenden, ist der andere aus dem Blickfeld. Es ist gar nicht möglich, beide im Auge zu behalten. Wenn Sie einen Hund körperlich abschirmen möchten, müssen Sie sich vom anderen in dem Moment komplett abwenden. Es erscheint im ersten Moment vielleicht schwieriger, beide auf einer Seite zu führen, aber Sie haben so sehr viel mehr Kontrolle über die Hunde.

Ich halte die Leinen in meiner linken Hand, aber immer geteilt, was Sie an meinem kleinen Finger sehen können. Die eine Leine läuft über den kleinen Finger, die andere zwischen dem kleinen und dem Ringfinger entlang. Das andere Ende der Leine halte ich in meiner rechten Hand.

Die Leine für den inneren Hund läuft vor meinem Körper. Ich halte sie in der rechten Hand. Der rechte Arm bleibt auf der rechten Seite, der Oberkörper bleibt gerade.

Um die Hunde differenziert ansprechen zu können, muss ich die Leinen unabhängig voneinander führen. Hier braucht nur Anoki Ansprache, Karlo ist ruhig. Also bekommt auch nur Anoki ein Signal mit der Leine.

Karlo bekommt immer wieder mal kurz ein Signal, schneller zu gehen. Ein leichtes Zupfen nach vorne und ein verbales Kommando. »Karlo, und auf!« oder »Karlo, schneller!« Das Stimmkommando wird vorher im Einzeltraining eingeübt. Anoki läuft außen und muss immer mal gebremst werden. Auch hier ein Leinensignal und das Stimmkommando »Anoki, langsam!« Beide Leinen liegen locker in der Hand, das Leinensignal ist ein Zupfen, kein Ziehen!

So ist´s gut!

Hier klappt beides prima! Beide Hunde sind aufmerksam und laufen nebeneinander.

Falk habe ich als »Störer« auf der Trainingsfläche abgelegt. Ines geht mit ihren Hunden vorbei. Karlo bekommt ein entsprechendes Signal von ihr, etwas schneller zu gehen, Anuki wird leicht zurückgenommen. Beide Hunde gehen ohne Getöse an der Ablenkung vorbei. Die Übung ist gelungen.

Inzwischen hat Anoki Falks Anwesenheit einigermaßen akzeptiert, Ines kann die Distanz immer weiter verringern. Ines kann Anoki ansprechen und korrigieren, ohne aus dem Tritt zu kommen und ohne Karlo zu irritieren.

Gut gemacht! Dafür gibt es eine Belohnung.

Wenn Sie einzeln üben, können Sie den Hund mit einem Leckerli aufmerksam machen und aus der Bewegung heraus belohnen. Mit zwei Hunden haben Sie dafür keine Hand mehr frei – umso wichtiger ist Stimmlob und eine interessante, freundliche Mimik. Und keine Angst vor Übertreibung!

Wenn alles gut klappt, können Sie die Leinen zusammenführen. Der äußere Hund braucht dabei genug Bewegungs-
freiheit, seine Leine muss deutlich länger sein.

RICHTUNGSWECHSEL AN DER KURZEN LEINE

Slalom, Stopps, Tempo- und Richtungswechsel verbessern die Leinenführigkeit enorm. Aufmerksamkeit ist das A und O, und nichts schult die Aufmerksamkeit besser.

Natürlich ist es im Alltag nicht wichtig, dass Sie superzackig um die Kurve kommen. Üben sollten Sie es aber – denn wenn der eine Hund einfach geradeaus weiterläuft, während der andere mit Ihnen abbiegt, gibt es ein Durcheinander.

Bedenken Sie, dass die Hunde Zeit brauchen, um sich zu »sortieren«. Sprechen Sie sie also vor der Kurve an, um ihre Aufmerksamkeit zu bekommen. Vergessen Sie nicht, dass es für die Hunde durchaus stressig ist, zu zweit an der kurzen Leine zu gehen. Besonders bei Richtungswechseln kommen sie sich in die Quere, der äußere drängt nach innen oder der innere nach vorne, der ruhigere Hund ist genervt vom lebhafteren, der schnellere muss langsamer gehen, als ihm eigentlich liegt und so weiter.

Vor allem am Anfang erfordert das viel Konzentration, halten Sie die Übungssequenzen also kurz. Die Hunde brauchen Zeit und Übung, um sich aufeinander abzustimmen und zum Team zu werden. Auch hier gilt natürlich wieder: Alles muss auch mit jedem Hund einzeln erarbeitet werden! Je besser das Einzeltraining, umso besser geht es mit beiden Hunden – aber was umgekehrt schon mit einem Hund nicht funktioniert, wird mit zweien garantiert nicht klappen.

Wenn Sie die Hunde links führen, müssen Sie für eine Linkskurve den äußeren Hund etwas bremsen und den inneren hervorholen. Zum Üben sollte die Kurve also nicht zu eng ausfallen! Nutzen Sie nicht nur die Leinen, sondern auch den Körper. Die Körperhaltung zeigt die Richtung an, das Bein beschränkt den Hund, falls er auf die Körpersprache nicht reagiert.

Falk neigt dazu, sich nach hinten fallen zu lassen, Dakota drängelt gern. Die beiden sind noch lange nicht optimal aufeinander eingespielt.

In der Rechtskurve ist es genau umgekehrt, der äußere Hund muss schneller werden, der innere gegebenenfalls gebremst werden – und zwar schon bevor ich drehe. Die Hunde folgen meiner Körperbewegung.

Mit der Zeit klappen solche Slalom-Übungen immer besser, mit und ohne Leine, schnell und langsam im Wechsel – mit einem gut eingespielten Team macht das richtig Spaß.

ÜBUNGSSEQUENZ MIT MATSE UND ELLA – LEINE UND BLEIB!

Ein Beispiel, wie Sie sinnvoll mit zwei Hunden trainieren können.

Ella bleibt schon recht zuverlässig liegen. Sandra muss sich ihr aber noch oft kurz zuwenden, um das »Bleib!« zu erneuern.

Sandra kann sich mit Matse weiter entfernen, Matse geht aufmerksam an der Leine.

Aber sobald sich Sandra Ella deutlicher zuwendet, wird er unaufmerksam.

Wenn der Mensch sich nicht zwischen den Hunden befindet, ist die Übung natürlich für beide Hunde schwieriger. Generell gilt: Den Hund auf der von der Ablenkung angewandten Seite zu führen und abzuschirmen, macht es einfacher, seine Aufmerksamkeit zu behalten. Das ist im Alltag sehr sinnvoll, um gut an anderen Hunden vorbeizukommen.

Um die Hunde zu tauschen, legt Sandra erst Matse mit etwas Abstand ab und holt dann Ella. Auch hier kann man den Schwierigkeitsgrad nach und nach erhöhen. Dichter beisammen ablegen, aus der Bewegung ablegen, abrufen etc. Der Phantasie sind keine Grenzen gesetzt.

Matse ist viel mehr »auf dem Sprung« als Ella.

Er muss öfter zum Bleiben aufgefordert werden. Man könnte meinen, dass Matse der »schwierigere« Hund ist, weil er mehr »falsch« macht als Ella. Dabei ist Matse der aufmerksamere und arbeitswilligere Hund. Aber Matse tut sich viel schwerer damit, nicht beachtet zu werden und braucht mehr Ansprache als Ella. Er ist eben kein Hund, der einfach »mitlaufen« möchte.

Rückruf

Wenn beide kommen sollen, dann sollte man auch beide ansprechen.

Nacheinander zum Anleinen – beim Anleinen, ob in der Wohnung oder draußen, sollte es immer ruhig zugehen.
Stress beim Anleinen – Hektik, Festhalten, »Überfälle« von oben – führt dazu, dass der Hund der Leine ausweicht.

Der Hund soll freudig kommen. Üben Sie das Anleinen immer wieder, ganz in Ruhe und gerne mit einem Leckerli. Und entlassen Sie den Hund oft auch wieder direkt. Sonst schaden Sie dem Rückruf.

Ebenso wichtig ist es, einzeln zu üben – natürlich besonders intensiv mit dem jüngeren Hund bzw. dem Neuzugang.

Ob und wo Sie Ihre Hunde frei laufen lassen können, hängt von vielen Faktoren ab. Bleiben Sie von sich in der Nähe, oder ist einer davon oder gar beide sehr selbstständig und entfernt sich weit. Haben Sie Hunde mit Jagdtrieb, wie verhalten sie sich, wenn ihnen andere Hunde, Jogger oder Radfahrer begegnen? Es gilt, umsichtig zu handeln und immer ein Auge auf die Situation zu haben – mit zwei Hunden natürlich umso mehr. Um Ihre Hunde gut einschätzen zu können und zu wissen, wer auf welche Ablenkung reagiert, sollten Sie beide auch einzeln gut kennen und einzeln mit ihnen laufen und üben.

Grundsätzlich gilt: Gerade im Freilauf schauen sich Hunde vieles voneinander ab – und zwar vor allem solche Dinge, die Sie nicht gut finden. Ob das die Suche nach Fressbarem ist oder der Spaß am Hetzen und Jagen. Wenn Sie mit dem ersten Hund bereits Probleme im Freilauf haben, sollte man das bedenken. Wenn Ihr Hund Jogger jagt oder Spaziergänger verbellt, wird sich der zweite das abschauen, wenn Sie es zulassen. Zumal sich die Hunde auch noch gegenseitig mitziehen und verstärken – die Unart des ersten steigert sich unter Umständen also noch.

Abruf aus dem Spiel – eine sehr wichtige Übung. Dakota darf danach auch direkt weiterspielen. Wenn der Rückruf immer bedeutet »Jetzt ist der Spaß vorbei!«, wird der Hund sehr schnell lernen, nicht zu kommen.

Wenn es bei beiden Hunden im Freilauf noch Probleme gibt, sollte man viel einzeln daran arbeiten. Bei gemeinsamen Spaziergängen ist es sinnvoll, die Hunde nicht immer gleichzeitig frei laufen zu lassen, sondern einen wenigstens an der Schleppleine zu behalten. So entsteht weniger Eigendynamik unter den Hunden – und Sie haben auch noch eine gute Gelegenheit, immer wieder kurz an der Leinenführigkeit unter Ablenkung zu arbeiten. Wenn Ihr Ersthund gut hört, hilft es natürlich, den jüngeren bzw. weniger erzogenen Hund gemeinsam mit dem zuverlässigen Hund laufen zu lassen. Wenn der ältere Hund zurückkommt, wird der jüngere ihm meistens folgen. Das gibt erst mal eine gewisse Sicherheit – ist aber kein Ersatz für intensives (auch Einzel-)Training. Denn schließlich soll der Zweithund Ihnen folgen, nicht dem Ersthund.

Der Freilauf steht und fällt mit dem Rückruf. Den gilt es, mit dem neuen Hund genauso intensiv und von Grund auf aufzubauen, wie mit dem ersten.

Es lohnt sich, den Rückruf sehr häufig zu üben und zu belohnen. Dakota wurde abgerufen und holt sich seine Beloh-nung. Falk war in diesem Fall nicht angesprochen. Er wird auch nicht belohnt. Beim Rückruf ist Futterlob sinnvoll, es darf aber keinen Streit darum geben – sonst traut sich der schwächere Hund nicht mehr heran. Es ist auch hier extrem wichtig, die Hunde getrennt voneinander klar und deutlich ansprechen zu können! Dakota wurde gerufen, Dakota bekommt die Belohnung – klare Verhältnisse.

Natürlich ist auch ein Kommando, auf das beide gleichzeitig kommen, sehr sinnvoll – es sollte aber nicht das einzige sein. Schaffen Sie viele unterschiedliche Übungssituationen, und achten Sie stets darauf, die Hunde oft auch klar und deutlich getrennt anzusprechen und abzurufen.

Wenn der Rückruf beim Ersthund schlech-ter wird, dann schieben Sie das nicht auf »Protest« oder »Eifersucht«. Es hat sehr wahrscheinlich mit der veränderten Kommu-nikation zu tun. Vielleicht sind Sie lauter und nachdrücklicher, weil der neue Hund lang-samer reagiert? Das kann, wenn Ihr Ersthund recht sensibel ist, dazu führen, dass er auf Distanz geht und Kreise zieht, statt direkt zu Ihnen zu kommen.

Wie immer: Schauen Sie zuerst, was Sie selbst anders machen können, damit die Hunde Sie besser verstehen und Ihnen bereitwilliger fol-gen. Der Fehler liegt meistens beim Menschen, nicht beim Hund. Aber das Gute daran: Sie haben doch viel mehr Einfluss auf Ihr eigenes Verhalten, als auf das eines anderen Lebewe-sens – oder? Nur, wer an sich selbst arbei-tet und souverän führt, erreicht, dass ihm die Hunde gerne und aufmerksam folgen. Im Freilauf zeigt sich das mit aller Deutlichkeit. Wenn die Hunde ohne Blick zurück über alle Berge sind, sobald Sie die Leine abmachen, müssen Sie wichtiger und interessanter für Sie werden – und damit beginnt man nicht erst im Freilauf, dafür schafft man die Grundlagen mit häuslichen Regeln und einem guten Grund-gehorsam.

Schlusswort

ICH HOFFE, MIT DIESEM BUCH EINIGE DENK-ANSTÖSSE ZUR MEHRHUNDEHALTUNG GEGEBEN ZU HABEN, DIE ES IHNEN ERMÖG-LICHEN, EINEN KRITISCHEN (ABER NICHT ÜBER-KRITISCHEN!) BLICK AUF IHRE ENTSCHEIDUNG ZUM ZWEITHUND BZW. IHRE EIGNE HUNDEHAL-TUNG ZU WERFEN. VOR ALLEM AUF DIE VIELEN KLEINIGKEITEN, DIE SO VIEL ÜBER UNSERE BEZIEHUNG ZU DEN HUNDEN VERRATEN. AUF DIE DETAILS KOMMT ES AN!

Wie immer, liegt es mir besonders am Herzen, eine positive Einstellung zum Hund zu vermitteln. Seien Sie nicht frustriert über Ihren Hund, und auch nicht über sich selbst. Hunde machen keine Fehler – aber sie verzeihen viele. Für unsere Hunde ist jeder Tag ein neuer Anfang. Wenn etwas bisher schief gelaufen ist: Machen Sie einen Strich darunter und versuchen Sie, es ab heute anders zu machen.

Mehrhundehalter beschäftigen sich oft extrem mit der Dynamik unter den Hunden, suchen dort nach Ursachen, Gründen und Auslösern für das Verhalten der Hunde. Dabei ist das meiner Meinung nach eigentlich Nebensache. Schauen Sie lieber, was jeder Ihrer Hunde individuell von Ihnen braucht. Bauen Sie zu jedem einzelnen eine starke Bindung auf. Arbeiten Sie vor allem an sich selbst und mit jedem Ihrer Hunde. Werden Sie zum aktiven Hundehalter und zur verlässlichen Bezugsperson. Sie werden sehen: Es wird sich positiv auf das gesamte Gefüge auswirken.

Denken Sie immer daran, warum Sie einen Hund wollten – oder zwei: Um Freude zu haben. Und Freude kann man auch haben, wenn nicht alles perfekt läuft. Das Zusammenleben mit dem Hund baut auf sechs Bausteinen auf, und keiner davon sollte vernachlässigt werden. Aus Aufmerksamkeit, Konsequenz, Kommunikation, Aktion-Reaktion und dem gemeinsamen Spaß entsteht eine verlässliche Bindung, auf die Sie sich verlassen können. Zu zweit oder zu dritt!